Die graphische Behandlung

der

mechanischen Wärmetheorie.

Von

Gustav Herrmann,

Professor an der Technischen Hochschule in Aachen.

Mit zwei lithographirten Tafeln.

Springer-Verlag Berlin Heidelberg GmbH 1885

Vortrag, gehalten in der XXV. Hauptversammlung des
Vereines deutscher Ingenieure.

Sonderabdruck aus der Zeitschrift des Vereines deutscher Ingenieure.
1884, No. 45, 46 und 47.

Additional material to this book can be downloaded from http://extras.springer.com

ISBN 978-3-642-89836-5   ISBN 978-3-642-91693-9 (eBook)
DOI 10.1007/978-3-642-91693-9
Softcover reprint of the hardcover 1st edition 1885

Vorwort.

Das vorliegende Schriftchen ist die Wiedergabe eines Vortrages, welchen der Unterzeichnete in der 25. Hauptversammlung des Vereines deutscher Ingenieure zu Mannheim am 1. September 1884 zu halten veranlasst worden war und welcher darauf in der Zeitschrift dieses Vereines gedruckt worden ist. Einigen geäufserten Wünschen hat die Verlagsbuchhandlung in freundlicher Weise entsprochen, indem sie einen Sonderabdruck des Artikels veranlasst hat in welchem die Tafeln behufs der Verwendung im Zeichenbureau auf stärkeres Papier gedruckt sind.

Aachen, den 1. December 1884.

Gustav Herrmann.

Wenn ich die mechanische Wärmetheorie zum Gegenstande meiner Betrachtung gewählt habe, so geschah dies, weil ich glaubte, in den Kreisen der Ingenieure einiges Interesse hierfür voraussetzen zu sollen; wenigstens dürften zu diesem Glauben die verschiedenen Veröffentlichungen berechtigen, welche in neuerer Zeit in der technischen Literatur über Gegenstände zu finden sind, die mit der mechanischen Wärmetheorie im engen Zusammenhange stehen. Obwohl die glänzenden Ergebnisse dieser Wissenschaft, mit welchen die Namen der bedeutendsten Forscher auf diesem Gebiete verknüpft sind, den Gegenstand der Behandlung verschiedener, grofsenteils trefflicher Lehrbücher ausmachen, und obgleich heutzutage wohl an allen technischen Hochschulen ein besonderer Vortrag dieser Materie gewidmet ist, so findet sich doch im grofsen und ganzen in den Kreisen der Ingenieure nicht immer diejenige Klarheit der Anschauungen vor, welche bei einem für die ganze Technik so bedeutenden Gegenstande zu wünschen ist. Zwar hat die mechanische Wärmetheorie bis jetzt nicht vermocht, an die Stelle der von früher her gebräuchlichen Berechnungsart der Dampfmaschinen eine wesentlich andere Methode zu setzen; aber doch wird niemand verkennen, dass auf eine ganze Reihe hochwichtiger Fragen eine genügende Antwort nur von der mechanischen Wärmetheorie zu erwarten ist. Ich erinnere in dieser Beziehung nur an die in neuester Zeit so lebhaft erörterte Frage des Dampfmantels, an den Einfluss der Compression und den Vorteil der Ueberhitzung des Dampfes, an die Bedeutung der Gasfeuerung für Dampfkessel und an die immer noch offene Frage nach dem eigentlichen Wirkungsgrade der Dampfmaschinen. Das Gebiet, auf welchem diese und ähnliche Fragen sich bewegen, ist gewiss ein bedeutsames und ein solches, auf welchem noch vieles zu thun erübrigt.

Es will mich bedünken, als ob die Ursache, warum die Anschauungen über die Wirkung der Wärme bisher vielfach noch unklare sind, in der besonderen Art der Behandlung liegen könnte, welche diesem Gegenstande bis jetzt fast ausschließlich geworden ist; ich meine, in der Behandlung auf dem rein analytischen Wege. Gewiss ist diese Methode an sich ein vorzügliches und in vieler Beziehung ganz unersetzbares Mittel der Forschung, namentlich, was die Schärfe der Schlussfolgerung und die Erkennung neuer Wahrheiten anbetrifft, und man könnte die Analyse ein geistiges Mikroscop nennen, welches uns Einsicht eröffnet in Gebiete des Wissens, in denen das unbewaffnete Auge nichts mehr zu sehen vermag. Was aber den Ueberblick über ein ganzes großes Gebiet, was die Anschauung im allgemeinen betrifft, so möchte ich in dieser Hinsicht die ausschließliche Anwendung der Analysis vergleichen mit dem Gebrauch einer Lupe beim Besuch einer Kunstgallerie. Wir könnten damit die einzelnen Gemälde sondiren, einen Gesammteindruck würden wir dadurch nicht erlangen; dazu ist nötig, die Gegenstände von einem nicht zu nahen Standpunkt aus zu betrachten, damit über dem Studium der Einzelheiten nicht die Anschauung des Ganzen verloren gehe. Gerade in Hinsicht auf Anschaulichkeit scheint mir aber die graphische Methode ein vorzügliches Mittel zu sein, und es möge erlaubt sein, hier die mechanische Wärmetheorie im Lichte der graphischen Beleuchtung vorzuführen.

Bekanntlich sind es zwei Hauptgesetze, auf denen die mechanische Wärmetheorie vorzugsweise beruht, und welche auch in der Regel als der erste und zweite Hauptsatz bezeichnet werden. Der erste dieser Sätze, welcher von der Aequivalenz zwischen Wärme und mechanischer Arbeit handelt, bedarf hier keiner näheren Erläuterung. Wir haben alle Ursache, die Wärme als eine gewisse Art von Bewegung anzusehen, und zuverlässige Versuche haben zu dem Resultate geführt, dass eine Wärmeeinheit immer eine mechanische Arbeit von 424^{mkg} erzeugen kann, und dass umgekehrt eine solche Arbeit wieder eine Wärmeeinheit hervorzurufen vermag. Dabei ist es ganz gleichgiltig, bei welcher Temperatur diese Wärmemenge auftritt, so dass die ehemals von Carnot vertretene Ansicht nicht zutreffend ist, welcher zufolge Wärme von höherer Temperatur ein gröfseres Arbeitsvermögen enthalten sollte als Wärme von niederer Temperatur.

Mehr Schwierigkeiten pflegt in der Regel der zweite Hauptsatz zu veranlassen, welcher von der gegenseitigen Umwandlung von Wärme in Arbeit und umgekehrt handelt. Dieser Satz in seiner wörtlichen Fassung, wie sie sich in fast allen darüber bekannt gewordenen Schriften findet, besagt, dass mit jeder solchen Umwandlung vermittels des bekannten Carnot'schen Kreisprocesses ein gleichzeitiger Uebergang von Wärme aus einem Körper von höherer Temperatur in einen anderen von niederer bezw. umgekehrt verbunden ist. Diese Behauptung eines Wärmeüberganges ist zuerst von Carnot aufgestellt und nachher von Clausius beibehalten worden, welcher diesen Uebergang als eine gewisse andere Umwandlung, nämlich als eine solche von Wärme einer Temperatur in Wärme einer anderen Temperatur bezeichnet und dafür den Satz von der Aequivalenz der Verwandlungen ausgesprochen hat.

Wie es sich mit diesem Uebergange verhält, lässt sich am besten aus der Zeichnung (Fig. 1) ersehen, welche das Diagramm des bekannten Carnot'schen Kreisprocesses darstellt. Wir denken uns 1^{kg} atmosphärischer Luft von einer Temperatur t_1 der uns umgebenden Atmosphäre, etwa von 12^0C., also von einer absoluten Temperatur $T_1 = 273 + t_1 = 285^0$,

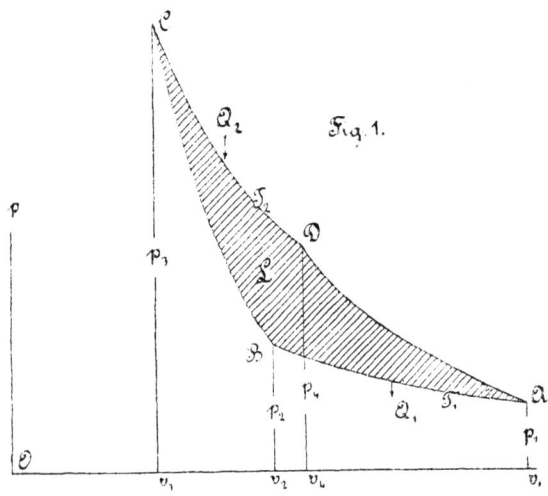

und stellen das Volumen v_1 dieser Luft durch die horizontale und die Spannung p_1 durch die verticale Ordinate des Punktes A vor, so dass also dieser Punkt A dem vorausgesetzten Zustande der Luft entspricht. Die letztere sei in einem Gefäfse, etwa in einem Cylinder, enthalten, dessen Wandung wir uns zunächst als für die Wärme absolut durchlässig denken wollen. Wird jetzt das Volumen der Luft etwa durch Verschiebung eines in dem Cylinder befindlichen Kolbens auf den kleineren Betrag v_2 zusammengedrückt, wobei wegen der Wärmedurchlässigkeit der Cylinderwand die Temperatur der Luft den Wert T_1 beibehält, so verändert sich die Spannung nach dem Mariotte'schen Gesetze von p_1 auf p_2, indem die Zustandsänderung der Luft durch die isothermische Linie AB dargestellt ist. Die zu dieser Zusammendrückung aufzuwendende mechanische Arbeit ist durch die vertical unter AB bis zur Achse $O\,v_1$ gelegene Fläche ausgedrückt. Diese Arbeit L_1 wird dabei in eine Wärmemenge $Q_1 = AL_1 = \frac{L_1}{424}$ Wärmeeinheiten verwandelt, und zwar wird diese Wärmemenge Q_1 vollständig an die umgebende Atmosphäre abgegeben.

Stellt man sich nunmehr die Cylinderwand als vollkommen undurchlässig für Wärme vor und setzt unter dieser Voraussetzung die Zusammendrückung der Luft fort, bis das Volumen v_2 auf v_3 verringert worden ist, so erfolgt diese Zusammendrückung auf adiabatischem Wege, und die hierzu aufzuwendende Arbeit L_a, welche durch die unter BC gelegene Fläche ausgedrückt ist, wird in die Wärme Q_a verwandelt, die jetzt in der Luft verbleibt, also die absolute Temperatur derselben von dem kleineren Werte T_1 auf den gröfseren T_2 erhebt. Nunmehr kann man zwei auf einander folgende Ausdehnungen vorgenommen denken, zunächst isothermisch bei der höheren Temperatur T_2 von C nach D und dann adiabatisch zwischen T_2 und T_1 auf dem Wege DA. Bei der letzteren Ausdehnung wird genau diejenige Wärmemenge Q_a wieder in mechanische Arbeit L_a umgesetzt, welche bei der vorhergegangenen adiabatischen Zusammendrückung von B nach C entstand, und es sind daher die beiden unterhalb BC und DA gelegenen bis zur Achse reichenden Flächen von gleicher Gröfse. Man kann daher diese beiden adiabatischen Veränderungen, die sich gegenseitig aufheben, für die weitere Betrachtung ganz aufser Acht lassen, und hat es nur mit den beiden isothermischen Veränderungen, der Zusammendrückung von A bis B bei der niederen Temperatur T_1 und der Ausdehnung bei der höheren Temperatur T_2 von C bis D, zu thun. Während dieser letzteren Bewegung musste offenbar der Luft durch die als vollkommen durchlässig gedachte Cylinderwandung hindurch von einem umgebenden Körper W, dessen Temperatur constant den Wert T_2 hat, eine bestimmte Wärmemenge Q_2 mitgeteilt werden, deren Arbeitswert L_2 durch die unter CD gelegene Fläche (bis zur Achse gerechnet) dargestellt ist.

Bei diesem nach Carnot benannten Kreisprocesse, zu Ende dessen die vermittelnde Luft genau wieder in ihren

Anfangszustand zurückgekehrt ist, hat man eine Arbeit L gewonnen, welche durch das schraffirte Curvenviereck dargestellt ist, und es muss daher eine dieser Arbeit äquivalente Wärmemenge $Q = AL$ verschwunden sein. Es fand sich nun, dass der wärmere Körper W an die Luft die Wärmemenge Q_2 abgab, und dass der kältere Körper K von der Luft die Wärmemenge Q_1 empfing, und es lässt sich durch Rechnung zeigen, dass diese beiden Wärmemengen Q_2 und Q_1 für vollkommene Gase sich wie die zugehörigen absoluten Temperaturen T_2 und T_1 verhalten, so dass die Beziehung gilt:

$$\frac{Q_2}{T_2} = \frac{Q_1}{T_1}.$$

Ferner ist $Q = Q_2 - Q_1$, d. h. die aus dem wärmeren Körper W zugeführte Wärmemenge Q_2 muss um die verschwundene, d. h. in Arbeit L verwandelte Wärme Q gröfser sein, als die an den kälteren Körper K abgegebene Wärmemenge Q_1. Man hat also bei diesem Processe einen wärmeren Körper W, welcher die gröfsere Wärme Q_2 abgegeben, und einen kälteren Körper K, welcher die kleinere Wärme Q_1 empfangen hat, und man hat daraus ohne weiteres geschlossen, dass diese Wärmemenge Q_1 von dem wärmeren Körper W durch den vermittelnden Körper zu dem kälteren K **übergeführt** werde, und mit Rücksicht darauf hat man dem zweiten Satze die oben angeführte bekannte Fassung gegeben.

Wenn nun auch diese Fassung dem schliefslichen Resultate nicht zuwiderläuft, so entspricht sie doch nicht den thatsächlichen Vorgängen, wie sich leicht aus folgender Betrachtung ergiebt.

Die Wärme Q_2, welche der wärmere Körper W der Luft mittheilt, wird während der Ausdehnung von C bis D vollständig in mechanische Arbeit verwandelt; die eingeschlossene Luft, welche in D genau dieselbe Wärme enthält, die ihr in C zu eigen war, hat also von der aus W stammenden Wärme Q_2 nichts zurückbehalten, sie kann daher hiervon auch nichts an den kälteren Körper K abliefern. Wenn nun doch der kältere Körper K die Wärmemenge Q_1 erhält, so ist dieselbe, wie gezeigt, während der isothermischen Zusammendrückung AB neu aus der Arbeit L_1 entstanden, welche von aufsen her auf die Luft übertragen werden musste. Es kann hier also nicht wohl von einem Uebergange der Wärme von W nach K die Rede sein, wenigstens hat man sich, wenn man doch davon spricht, diesen Uebergang mit einer zweimaligen entgegengesetzten Verwandlung, erst aus Wärme in Arbeit und dann aus Arbeit in Wärme, verbunden zu denken. Ob diese Vorstellung des Ueberganges mit dem Sprachgebrauche vereinbar und ob es unter solchen Umständen gut ist, von einem Uebergange hier überhaupt zu sprechen, muss fraglich erscheinen, um so mehr, als mit der Bezeichnung Uebergang andere Verhältnisse genau charakterisirt sind, wie ich hier zeigen werde. Auch scheint es, als ob das Verständnis erleichtert und die Fassung einfacher werde, wenn man sie den thatsächlichen Vorgängen anpasst. Danach kann man dem zweiten Hauptsatz in Worten folgenden Ausdruck geben:

»Bei dem Carnot'schen Kreisprocesse zwischen den Temperaturen T_1 und T_2 ist die gewonnene oder verbrauchte Arbeit gleich der Resultante aus zwei entgegengesetzten Verwandlungen von gleichem Gewichte zwischen denselben Temperaturen.«

Ein solcher Process ist ein Verwandlungspaar.

Unter dem Gewichte ist hier, wie üblich, die Gröfse $\frac{Q_2}{T_2} = \frac{Q_1}{T_1}$ verstanden.

Diese Fassung des Satzes entspricht den wirklichen Vorgängen, welche, wie gezeigt wurde, als eine Umwandlung der Wärmemenge Q_2 in die Arbeit L_2 und eine entgegengesetzte Umwandlung der Arbeit L_1 in die Wärme Q_1 sich darstellten. Es dürfte diese Fassung auch sonst anderen Verhältnissen der Mechanik entsprechen. Der vermittelnde Körper ist hier nach einer Aufeinanderfolge von Veränderungen genau wieder in seinen Anfangszustand zurückgekehrt, er befindet sich also gewissermafsen in einem Gleichgewichtszustande der Bewegung, welches Gleichgewicht dadurch charakterisirt wird, dass hier zwei entgegengesetzte gleich schwere Verwandlungen vorkommen. Ebenso könnte man bemerken, dass hier die verrichtete Arbeit etwa in ähnlicher Weise als das Resultat von zwei gleich schweren entgegengesetzten Verwandlungen erscheint, wie in der Bewegungslehre aus zwei entgegengesetzten gleichen Drehungen eine einfache Verschiebung resultirt.

Diese hier von mir angegebene Fassung des zweiten Hauptsatzes trifft natürlich auch für den umgekehrt geführten Kreisprocess zu, wie er z. B. bei Kälteerzeugungsmaschinen vorkommt, wo es darauf ankommt, behufs der Abkühlung Wärme verschwinden zu machen. Immer, wenn wir mittels des Carnot'schen Kreisprocesses eine gewisse Wärmemenge Q_1 aus dem kalten Körper K verschwinden lassen, d. h. sie in die Arbeit L_1 verwandeln wollen, welche die Luft bei der Ausdehnung von B nach A verrichtet, ist diese Verwandlung von Wärme in Arbeit nur erreichbar durch eine damit verbundene entgegengesetzte Verwandlung der Arbeit L_2 in die Wärme Q_2, wozu also äufsere Arbeit aufzuwenden ist, und wobei dem wärmeren Körper W Wärme zugeführt wird.

Nach dieser Auffassung wird die Schwierigkeit vollständig vermieden, zu welcher die bisherige Fassung des Satzes bei dem umgekehrten Kreisprocesse Veranlassung giebt. Hierbei muss nämlich, wenn man von einem Uebergange spricht, zugegeben werden, dass Wärme aus einem kälteren Körper zu einem wärmeren übergehen könne.

Dies spricht auch bekanntlich der von Clausius aufgestellte Grundsatz aus, wonach Wärme in der That von einem kälteren zu einem wärmeren Körper übergehen soll, nur nicht von selbst, d. h. nicht ohne eine sogenannte Compensation, d. h. z. B. hier nicht ohne Aufwendung äufserer Arbeit. Wenn man, wie ich schon bemerkte, mit dem Begriffe des Ueberganges stillschweigend denjenigen einer zweimaligen entgegengesetzten Verwandlung verbinden will, so ist dieser Clausiussche Grundsatz ohne Zweifel richtig, trotz der mannichfachen Einwürfe, welche dann ungerechter Weise erhoben sind. Man kann unter dieser Voraussetzung der Behauptung zustimmen, dass bisher noch keine Erscheinung bekannt geworden, welche diesem Grundsatze widerspräche.

Wenn man aber unter der Ueberführung einer Sache, wie es doch wohl im Sprachgebrauche begründet sein dürfte, einfach den Transport dieser selben Sache von einem Orte zum anderen versteht, ohne damit eine wiederholte, wesentliche Umänderung derselben unterwegs vorzunehmen, so kann man behaupten, dass bisher noch keine Erscheinung bekannt geworden ist, welche jenem Clausius'schen Satz entspräche. Bei einer dem Wortlaute gemäfsen Auffassung von Uebergang muss der Satz vielmehr heifsen: »Die Wärme geht stets von dem wärmeren zum kälteren Körper über, niemals in umgekehrter Richtung, ebenso wie die kinetische Energie der lebendigen Kraft niemals einem schneller bewegten Körper von einem langsamer bewegten mitgeteilt werden kann.«

Bei der Wichtigkeit dieses Gegenstandes und im Hinblick auf die mancherlei Erörterungen, zu denen der Clausius'sche Grundsatz nach meinem Dafürhalten unnötigerweise Veranlassung gegeben hat, ist es vielleicht nicht überflüssig, zur Erläuterung ein Beispiel aus der Mechanik fester Körper anzuziehen.

Wir denken uns in einem Gefäfse, etwa einer Schachtel, eine gröfsere Anzahl kleiner Kugeln, z. B. Schrotkörner, welche den Raum dieses Gefäfses nach allen möglichen Richtungen wirr durcheinander mit einer bestimmten Geschwindigkeit durchfliegen, welche Geschwindigkeit für alle Kugeln denselben Betrag v_1 haben soll.

Bekanntlich stellt man sich nach der kinetischen Gastheorie die Constitution einer Gasmenge in der Art vor, dass die einzelnen Atome mit einer ihrem Wärmezustande entsprechenden Geschwindigkeit sich bewegen und durch ihr Anprallen gegen einander und gegen die Gefäfswandungen den Druck erzeugen, welcher im Inneren der Gasmenge herrscht. Wir denken uns nun eine zweite solche Schachtel, auch mit Kugeln, in gleicher Weise bewegt, nur soll die Geschwindigkeit jeder Kugel den gröfseren Wert v_2 haben. Wir setzen das eine Gefäfs auf das andere und entfernen die trennenden Zwischenwände, so findet ein Zusammenprallen der Kugeln beider Schachteln statt. Es werden Stofswirkungen auftreten, und zwar werden die langsamer bewegten Kugeln natürlich von den schneller bewegten mehr und mehr beschleunigt, bis schließlich alle Kugeln eine mittlere, zwischen v_1 und v_2 liegende Geschwindigkeit angenommen haben. Die schneller bewegten Kugeln geben von ihrer Energie an die langsameren ab; niemand wird das Gegenteil behaupten wollen. So verhält es sich auch mit dem Uebergange der Wärme, wenn zwei Körper von verschiedenen Temperaturen mit einander in Berührung kommen; die Wärme tritt aus dem wärmeren in den kälteren Körper über, und zwar von selbst, wie es in dem Clausius'schen Grundsatze heißt. Wir wollen aber nun die Compensation, also eine äußere Arbeit, hinzufügen, welche auf die langsamer bewegten Kugeln ausgeübt werden soll. Wir denken uns, um diese Arbeit einzuführen, etwa jede dieser Kugeln durch eine äußere Kraft an einem unendlich dünnen Faden gezogen oder durch einen dünnen Draht geschoben. Was wird jetzt eintreten? Die ursprünglich langsamer bewegten Kugeln werden mehr und mehr beschleunigt, bis ihre kleinere Geschwindigkeit v_1 den größeren Betrag v_2 erlangt hat, und erst von dem Augenblick an, wenn ihre Geschwindigkeit den Betrag v_2 der schnelleren Kugeln erreicht oder sogar etwas übersteigt, kann eine Einwirkung der äußeren Kräfte vermittels der von ihnen beschleunigten Kugeln auf die anderen ursprünglich schnelleren Kugeln eintreten, und diese letzteren werden nun ebenfalls eine Beschleunigung, also einen Zuwachs an Energie, erfahren. Es wird doch niemand behaupten, dieser Zuwachs an Energie, welchen die schnelleren Kugeln erhalten, werde ihnen aus den langsamer bewegten zugeführt, ja man kann auch nicht einmal sagen, er werde ihnen vermittelst der langsameren Kugeln mitgeteilt, denn von dem Augenblicke der Einwirkung an sind diese Kugeln nicht mehr die langsamer bewegten, sondern sie müssen eine Geschwindigkeit angenommen haben, welche diejenige v_2 um eine gewisse, wenn auch noch so kleine, Größe übersteigt; es wird daher unter allen Umständen die Energie nur von dem schneller bewegten auf den langsamer bewegten Körper übergehen können. Die übertragene Energie stammt aber aus der Arbeit der äußeren Kräfte her.

Genau so verhält es sich mit der Abgabe der Wärme an den wärmeren Körper W bei dem umgekehrten Carnotschen Processe. Die durch A dargestellte Luft von geringerer Temperatur T_1 muss durch Aufwendung äufserer Arbeit während der adiabatischen Zusammenpressung AD erst auf eine Temperatur gebracht werden, welche diejenige T_2 des wärmeren Körpers um eine sehr geringe Gröfse übersteigt, bevor eine Mitteilung von Wärme an den wärmeren Körper W stattfinden kann, welche aus der Arbeit L_2 auf dem Wege DC neu entsteht. Diese Wärme geht also keineswegs aus dem kälteren Körper K über, sondern sie entsteht aus derjenigen Arbeit L_2, welche nach dem Begriffe des Kreisprocesses als eines Verwandlungspaares notwendig in Wärme umgewandelt werden muss, wenn man die Wärme Q_1 des kälteren Körpers in Arbeit verwandeln will, um eine Abkühlung des letzteren Körpers zu bewirken.

Der mehrerwähnte Clausius'sche Grundsatz muss bekanntlich zu Hilfe genommen werden, um den zweiten Hauptsatz, d. h. um die allgemeine Giltigkeit der Gleichung

$$\frac{Q_1}{T_1} = \frac{Q_2}{T_2}$$

für alle vermittelnden Körper zu beweisen, denn von vornherein folgt diese Gleichung nur für vollkommene Gase, d. h. für Körper, welche dem Mariotte'schen und Gay-Lussac'schen Gesetze unterworfen sind. Man kann daher nicht umhin, jenen Clausius'schen Grundsatz gewissermafsen als einen Notbehelf anzusehen, und zwar ist man zu demselben nur so lange genötigt, als man bei dem Carnot'schen Process einen Wärmeübergang annimmt. Der Beweis des zweiten Hauptsatzes lässt sich aber in aller Strenge ohne jenen Grundsatz führen, sobald man den Carnot'schen Kreisprocess als das auffasst, was er in der That ist, nämlich als ein Verwandlungspaar. Dieser Beweis ergiebt sich leicht, sobald man nur festhält, dass bei dem Carnot'schen Process ein Gewinn oder Verbrauch von mechanischer Arbeit immer nur als das Resultat von zwei entgegengesetzten Verwandlungen, niemals als das einer einzigen Verwandlung erscheinen kann, und dass dies der Fall sein muss, folgt mit Notwendigkeit daraus, dass jeder Kreisprocess notwendig aus zwei entgegengesetzten Volumenveränderungen, einer Ausdehnung und einer Zusammendrückung, bestehen muss, und dass es widersinnig sein würde, einen Kreisprocess durch nur eine einzige Volumenveränderung ins Leben treten zu lassen.

Dies vorausgeschickt, sei angenommen, das für Gase gefundene Gesetz

$$\frac{Q_1}{T_1} = \frac{Q_2}{T_2}$$

habe nicht allgemeine Giltigkeit für alle Körper, und es möge ein beliebiger Körper gedacht werden, welcher zwischen denselben Temperaturen T_1 und T_2 und unter Zuführung derselben Wärmemenge Q_2 aus dem wärmeren Behälter einem Kreisprocesse unterworfen werde. Gesetzt nun, die hierbei an den kälteren Körper abgegebene Wärme betrage nicht, wie bei Gasen, Q_1, sondern habe den Wert Q_1', welcher aus der äquivalenten Arbeit $L_1' = A Q_1'$ entsteht. Es wird alsdann auch nicht die Arbeit $L = L_2 - L_1$, sondern diejenige $L' = L_2 - L_1'$ erzeugt oder verbraucht. Nun hat man sich nur vorzustellen, es werde der besagte Kreisprocess einmal in directer Richtung mit einem Gase und dann in entgegengesetzter Richtung mit dem beliebigen Körper vorgenommen, und zwar soll in beiden Fällen Q_2 denselben Wert haben. Die Folge dieser beiden Kreisprocesse wird sein, dass der wärmere Körper von der Temperatur T_2 weder Wärme verliert noch gewinnt, da er im zweiten Teile dieselbe Wärmemenge Q_2 zurück erhält, welche er im ersten abgab. Der kältere Körper von der Temperatur T_1 dagegen empfing zuerst die Wärme Q_1 und gab zuletzt diejenige Q_1' ab; er hat also den Betrag $Q_1 - Q_1' = Q_0$ gewonnen oder verloren, je nachdem Q_1' kleiner oder gröfser als Q_1 vorausgesetzt wird.

Ferner wurde während des ersten Processes die Arbeit

$$L = L_2 - L_1 = \frac{1}{A}(Q_2 - Q_1)$$

gewonnen, und während des zweiten Processes diejenige

$$L' = L_2 - L_1' = \frac{1}{A}(Q_2 - Q_1')$$

verbraucht, so dass als das Resultat beider Processe eine gewonnene oder verbrauchte Arbeit

$$L_0 = L - L' = \frac{1}{A}(Q_1' - Q_1) = \frac{1}{A} Q_0$$

folgen würde. Man gelangt also durch die Annahme, dass Q_1' von Q_1 verschieden ist, zu dem unmöglichen Resultate, dass durch diesen doppelten Carnot'schen Kreisprocess, nach dessen Beendigung die vermittelnden Körper genau wieder in ihren Anfangszustand zurückgekehrt sind, ein bestimmter Arbeitsbetrag L_0 als das Ergebnis einer einzigen Umwandlung der damit äquivalenten Wärmemenge Q_0 gewonnen oder verloren werden könne, ein Resultat, welches nach dem vorstehenden dem Wesen des Kreisprocesses widerspricht; es folgt daher $Q_0 = 0$ oder $Q_1 = Q_1'$ für alle Körper.

Hierin möchte der Beweis für den zweiten Hauptsatz der mechanischen Wärmetheorie enthalten sein, und es dürfte hiernach wohl an der Zeit sein, die bisherige allgemeine Annahme eines Wärmeüberganges bei dem Carnot'schen Kreisprocess und den damit im Zusammenhange stehenden Clausius'schen Grundsatz aufzugeben, indem man den besagten Kreisprocess in der angeführten Weise als ein Verwandlungspaar auffasst.

Zur Erläuterung des bei der Verwandlung der Wärme in Arbeit stattfindenden Vorganges hat man mehrfach das Beispiel eines Wasserrades angeführt, indem man die Temperaturen mit den Höhen der einzelnen Wasserstände, insbesondere die Temperatur T_2 mit der Höhe des Oberwasserspiegels und die niedere Temperatur T_1 mit dem Stande des Unterwassers verglich. Carnot, welcher zuerst dieses Beispiel anwandte, verglich die Wärme mit dem Wasser und behauptete, dass ebenso, wie dieselbe Wassermenge im Untergraben zum Abflusse gelangt, welche durch den Obergraben zugeführt wird, ebenso auch dieselbe Wärmemenge dem kälteren Körper K mitgeteilt werde, welche von dem wärmeren W abgegeben wird. Clausius wies zuerst die Unrichtigkeit dieser Behauptung nach, welche mit dem ersten Hauptsatz unvereinbar ist, wonach eine der nutzbar gemachten Arbeit L äquivalente Wärmemenge verschwinden muss. Carnot glaubte den Vorgang dadurch erklären zu können, dass er annahm, eine gewisse Wärmemenge von höherer Temperatur enthalte ein gröfseres Arbeitsvermögen als dieselbe Wärmemenge bei niederer Temperatur, eine Annahme, welche durch die darüber angestellten Versuche als eine unrichtige erwiesen ist, da diese Versuche ergeben haben, dass einer Wärmeeinheit immer dieselbe Arbeitsleistung von 424^{mkg} zugehört, und dass die betreffende Temperatur auf diesen Wert ohne Einfluss ist. Der Grund, warum die Schlussfolgerung Carnot's nicht zu einem richtigen Resultate führen könnte, liegt darin, dass hier zwei ungleichartige Dinge, nämlich Wärme und Wasser, mit einander verglichen wurden. Während die Wärme eine Arbeit, also das Product aus einer Kraft und einer Länge, bedeutet, stellt das Wasser ein Gewicht, also eine Kraft, vor. Demgemäfs hat Zeuner den Vergleich in der Weise berichtigt, dass er das Gewicht des Wassers bei dem Wasserrade nicht mit der Wärme Q, sondern mit dem Quotienten $\frac{Q}{T}$ vergleicht, welcher Quotient bei dem umkehrbaren Kreisprocess eine constante Gröfse $\frac{Q_2}{T_2} = \frac{Q_1}{T_1}$ ist, und welchen Quotienten ich auch vorhin schlechtweg als Gewicht bezeichnet habe. Da unter dieser Voraussetzung das betreffende Beispiel eines hydraulischen Motors sehr bezeichnend für die Verwandlung der Wärme in Arbeit ist, so möge dasselbe hier in derjenigen Art angeführt werden, wie sie der angegebenen Definition des Kreisprocesses als Verwandlungspaar entspricht.

Denken wir uns für ein vorhandenes Gefälle H (Fig. 2) zwischen dem Oberwasser W und dem Unterwasser K einen hydraulischen Motor, etwa eine Wassersäulenmaschine C, angeordnet, deren Aufstellungsort aber nicht zwischen W und K, sondern unterhalb des Unterwassers in einer Höhe H_1 unter demselben, also in einer Höhe $H + H_1 = H_2$ unter dem Oberwasserspiegel, gewählt werden soll. Diese Anordnung giebt dann ein Bild von dem Vorgange bei der Umwandlung der Wärme in nutzbare Arbeit. Wenn die Gewichtsmenge von 1^{kg} Wasser, welches bei W eintritt, durch die Maschine gegangen ist, so hat dieses Gewicht beim Niedersinken von W bis C offenbar eine Arbeit gleich H_2 mkg verrichtet. Der Kolben C nimmt dabei eine Bewegung in der Richtung von A nach B an, und es ist klar, dass hierbei eine ebenso grofse

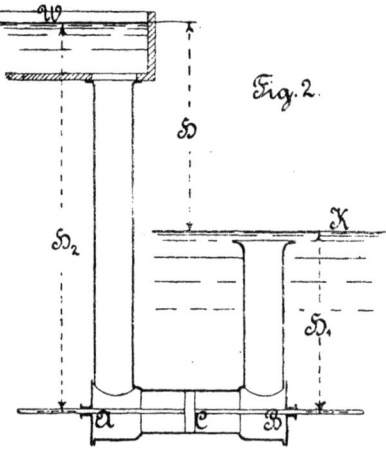

Fig. 2.

Gewichtsmenge gleich 1^{kg} von C bis zur Höhe H_1 des Unterwasserspiegels gehoben wird, wozu von dem Kolben eine mechanische Arbeit von H_1 mkg ausgeübt werden muss. Die, abgesehen von allen schädlichen Widerständen, nutzbar gemachte Arbeit ist daher durch $H_2 - H_1$ ausgedrückt, und man kann diese Leistung auffassen als das Resultat von zwei entgegengesetzten Umwandlungen, nämlich aus der Umwandlung der dem Gefälle H_2 zugehörigen potentiellen Energie in Arbeit und aus der Verwendung der Arbeit H_1 zur Erhebung des Wassers auf die entsprechende Höhe.

Die Uebereinstimmung mit dem Carnot'schen Kreisprocess ergiebt sich direct, wenn man sich nur vorstellen will, die Höhen H_1 und H_2 über C entsprächen den absoluten Temperaturen T_1 und T_2, so dass die Höhenlage von C gewissermafsen mit dem absoluten Nullpunkte der Temperaturen übereinstimmt. Das unverändert bleibende Gewicht des Wassers entspricht hierbei dem constanten Quotienten $\dfrac{Q_1}{T_1} = \dfrac{Q_2}{T_2}$.

Es ist auch deutlich, dass der Vergleich für den umgekehrt geführten Kreisprocess gilt; denn wenn man durch Arbeit von aufsen den Kolben C in der Richtung von B nach A bewegt, so wirkt die Maschine wie eine Pumpe, durch welche für jedes von K bis C niedersinkende kg Wasser die gleiche Gewichtsmenge von C bis W erhoben wird, wozu natürlich eine äufsere Arbeit von $H_2 - H_1$ mkg erfordert wird.

Während also bei einem Carnot'schen Kreisprocesse ein Uebergang der Wärme von einem wärmeren Körper zu einem anderen von niederer Temperatur nicht stattfindet, so bemerken wir einen solchen Uebergang in jedem Falle, wenn zwei Körper von merklich verschiedener Temperatur mit einander in Berührung kommen, ebenso wie auch stets beim Zusammentreffen von zwei ungleich schnell bewegten Körpern durch Stofswirkung ein Uebergang von lebendiger Kraft aus dem schneller bewegten in den langsamer bewegten auftritt. In beiden Fällen bemerken wir also einen Uebergang von Energie, und mit Rücksicht hierauf ist es nun einfach, den Unterschied zwischen einem sogenannten umkehrbaren und einem nicht umkehrbaren Processe festzustellen. Die Möglichkeit, den Carnot'schen Kreisprocess durch die Aufeinanderfolge der entgegengesetzten Vorgänge umkehren zu können, beruht nämlich lediglich darauf, dass bei diesem Processe keinerlei Uebergänge vorkommen, weder solche von Wärme, noch solche von lebendiger Kraft, weil nach dem angeführten Grundsatze diese Uebergänge stets nur in der einen absteigenden, niemals in der entgegengesetzten Richtung erfolgen können. Sollen nun Energieübergänge nicht vorkommen, so sind zwei Bedingungen zu erfüllen. Erstens darf der vermittelnde Körper M niemals mit anderen Körpern in Berührung kommen, deren Temperatur von seiner eigenen um eine merkbare Gröfse abweicht, weil sonst ein Uebergang von Wärme stattfinden müsste. Zweitens muss aber der Druck, welchen der vermittelnde Körper in irgend einem Zustande ausübt, einem äufseren Gegendrucke begegnen, welcher ihm gleich, oder richtiger, welcher davon nur unendlich wenig verschieden ist, damit die vorausgesetzte Bewegung geschehen kann, ohne dass ein Uebergang von lebendiger Kraft durch Stofswirkung eintritt.

Hiernach charakterisirt sich ein umkehrbarer Process einfach als ein reiner Verwandlungsprocess ohne Uebergänge, also ein Kreisprocess als ein Verwandlungspaar, während ein Process nicht umkehrbar ist, sobald er einen oder mehrere Uebergänge in sich enthält. Man kann daher die etwas schwerfälligen Bezeichnungen der umkehrbaren und nicht umkehrbaren Processe ganz entbehren, indem man einfach von Verwandlungen und von Uebergängen der Energie spricht, und es scheint dies um so mehr angezeigt, als es wirklich umkehrbare Processe in der Natur und in der Technik überhaupt gar nicht giebt, ebenso wenig, wie vollkommen reibungslose Bewegungen vorkommen.

Der grundsätzliche Unterschied, welcher nach dem soeben angeführten zwischen der Verwandlung und dem Uebergange der Wärme besteht, findet einen scharfen und anschaulichen Ausdruck durch eine graphische Darstellung, welche wir hier betrachten wollen. Zu dem Zwecke wollen wir uns aber zuvörderst über einen Begriff einigen, welcher hierbei eine bedeutende Rolle spielt, nämlich über denjenigen des Wärmegewichtes. Nach Zeuner, welcher diesen Namen zuerst eingeführt hat, versteht man unter dem Wärmegewichte einer gewissen Wärmemenge Q von der absoluten Temperatur T den algebraischen Ausdruck $\frac{Q}{AT}$, ohne dass man mit dieser Gröfse in der Regel eine bestimmte Vorstellung zu verbinden pflegt. Zeuner ist zu dieser Bezeichnung gekommen durch die Betrachtung der vorerwähnten Aehnlichkeit zwischen der Verwandlung von Wärme in Arbeit und der Wirkung des Wassers in einem Wasserrade, indem, wie schon bemerkt, wenn man die Temperaturen T_1 und T_2 als die Pegelhöhen des Unter- und Oberwasserstandes auffasst, die Gröfse $\frac{Q_1}{AT_1} = \frac{Q}{AT_2}$ die Rolle spielt, welche dem Gewichte des Wassers bei einem zwischen diesen Wasserständen arbeitenden Wasserrade zukommt.

Man kann aber mit der Bezeichnung »Wärmegewicht« leicht eine bestimmte Vorstellung verbinden, wenn man dieses Gewicht einfach zu $G = \frac{Q}{T}$ annimmt; denn dann bedeutet G offenbar dasjenige Gewicht in Kilogramm eines Körpers von der specifischen Wärme gleich Eins, welches durch die Wärmemenge Q von dem absoluten Nullpunkte aus bis auf die Temperatur T erwärmt werden könnte, vorausgesetzt, dass eine solche Erwärmung denkbar wäre. Man würde sich als solchen Körper Wasser vorstellen können, wenn dessen specifische Wärme bei allen Temperaturen dieselbe wäre; dass dies bekanntlich nicht der Fall ist, kann hier nicht in Betracht kommen, da das betreffende Wärmegewicht doch nur in der Vorstellung beruht, diese Vorstellung aber die Vorgänge wesentlich erläutert, welche uns hier interessiren.

Wir wollen uns jetzt einmal vorstellen, bei dem mehrfach betrachteten Carnot'schen Kreisprocesse werde dem vermittelnden Körper aus dem wärmeren Körper W von der absoluten Temperatur T_2 eine bestimmte Wärmemenge Q_2, etwa der Einfachheit wegen gerade eine Wärmeeinheit, zugeführt, so ist das zugehörige Wärmegewicht G leicht durch $\frac{Q_2}{T_2}$ in Kilogramm zu bestimmen; dasselbe würde z. B. für $T_2 = 1000^0$ gerade 1^k betragen.

Wir denken uns jetzt in Figur 3 die absoluten Temperaturen durch die verticalen Ordinaten ausgedrückt und tragen zu der Temperatur $T_2 = OA$ das gefundene Wärmegewicht $G = \frac{Q_2}{T_2}$ als Abscisse AB auf. Es ist ohne weiteres klar, dass das Rechteck $OABC$ nunmehr das Mafs für die Wärmemenge Q_2 ausdrückt, und wir können daher diese Fläche auch als das Mafs für die Arbeit L_2 betrachten, welche die Wärmemenge Q_2 leisten kann und auch in der That leistet, während der Körper sich isothermisch von C bis D (Fig. 1) ausdehnt.

Stellt nun ferner OD die Temperatur T_1 des kälteren

Körpers vor, so ist es ebenso leicht ersichtlich, dass das Rechteck $ODEC$ das Mafs für die Wärmemenge Q_1 darstellt, welche bei dem gedachten Verwandlungspaar aus der Arbeit L_1 entsteht und an den kälteren Körper K abgegeben wird. Das Diagramm stellt auch äufserlich eine gewisse Uebereinstimmung mit der Wassersäulenmaschine in Fig. 2 vor, indem man sich denken kann, das Wärmegewicht G gleich AB fiele zunächst

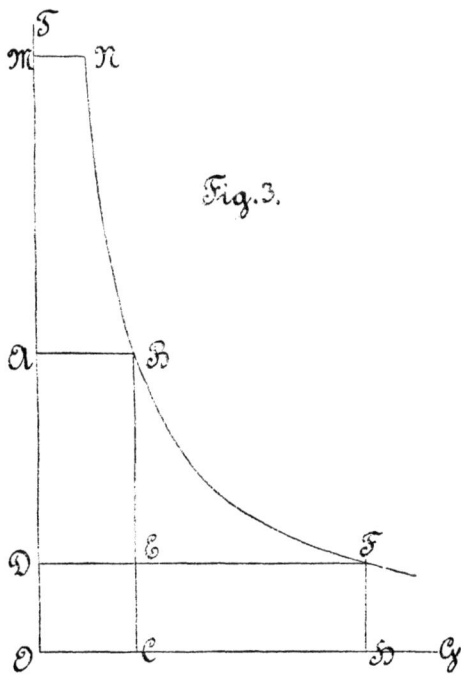

Fig. 3.

bis zur Achse OC nieder, um nachher von dort wieder bis in die Lage DE erhoben zu werden. Die nutzbar gemachte Arbeit ist demgemäfs durch die rechteckige Fläche $ABED$ dargestellt. Es muss hierbei bemerkt werden, dass das Wärmegewicht $G = AB = DE$ gar nichts mit dem Gewichte des vermittelnden Körpers zu thun hat, dass vielmehr G lediglich von der zugeführten Wärme Q_2 und der entsprechenden

Temperatur T_2 abhängt. Es ist daher klar, dass bei demselben Vermittelungskörper M und derselben Temperatur T_2 das Wärmegewicht jeden beliebigen Wert annehmen kann, je nach der Gröfse der zugeführten Wärmemenge Q_2. Es ist aber andererseits auch klar, dass bei derselben Wärmemenge Q_2 das Gewicht G um so kleiner wird, je gröfser man die Temperatur T_2 voraussetzt, und dass umgekehrt einer kleineren Temperatur T_2 ein gröfseres Wärmegewicht entsprechen muss. Wäre z. B. T_2 gleich OM doppelt so grofs wie OA gewählt, so würde das zugehörige Wärmegewicht MN nur gleich der Hälfte von AB sein, und der halb so grofsen Temperatur T_2 entspricht ein doppelt so grofses Wärmegewicht.

Denkt man sich für alle möglichen Temperaturen das der bestimmten Wärmemenge Q_2 zugehörige Wärmegewicht als Abscisse aufgetragen, so gelangt man offenbar zu der gleichseitigen Hyperbel NBF, und diese Hyperbel ist ebenso charakteristisch für den Uebergang der Wärme, wie die verticale Linie BC mafsgebend für die Verwandlung ist. Ebenso, wie man hinsichtlich der Verwandlung sich vorstellen kann, das Wärmegewicht falle vertical abwärts, so mag man sich, um der Anschauung zu Hilfe zu kommen, denken, die Wärme verbreite sich bei dem Uebergange von wärmeren zu kälteren Körpern nach dem durch die Hyperbel NBF dargestellten Gesetze, indem die von ihr ausgehende Wirkung auf um so gröfsere Gewichtsmengen des vorausgesetzten Körpers sich ausdehnt, je geringer die Intensität dieser Wirkung ist.

Das Diagramm der Fig. 3 giebt in der einfachsten Art sicheren Aufschluss über die wichtigsten Fragen, welche bei der technischen Ausnützung der Wärme auftreten; man hat immer nur nötig, die aufgewendete Wärme durch das der zugehörigen Temperatur entsprechende Gewicht darzustellen, dann giebt die verticale Gerade den Weg bei Verwandlungen, während man bei Uebergängen den Verlauf der Hyperbel zu verfolgen hat.

Es geht zunächst aus der Betrachtung der Figur hervor, dass eine bestimmte Wärmemenge Q_2, deren Gewicht durch

AB und deren Temperatur durch $T_2 = OA$ ausgedrückt ist, ein Arbeitsvermögen enthält, welches durch die Rechtecksfläche $OABC$ dargestellt ist. Von dieser Leistung kann aber nur ein dem Rechtecke $DABE$ entsprechender Teil in nutzbare Arbeit verwandelt werden, wenn $OD = T_1$ die niedere der Temperaturen vorstellt, zwischen denen die Verwandlung vor sich geht. Der Rest der Arbeit, welcher durch die unterhalb dieser Temperatur T_1 bis zum absoluten Nullpunkte O gelegene Rechteckfläche $ODEC$ ausgedrückt ist, geht für unsere Zwecke der Arbeitserzeugung durch Wärme verloren; die dieser Fläche entsprechende Wärme ist einfach **nicht in nützliche Arbeit umwandelbar**, so lange wir genötigt sind, mit der Temperatur $OD = T_1$ als der niederen zu arbeiten. Es leuchtet ein, dass man als Mafs für den in nützliche Arbeit umwandelbaren Betrag der Wärme auch den Abschnitt EF auf der T_1 entsprechenden Horizontalen ansehen kann, indem die ganze in der angewandten Wärme Q_2 enthaltene Arbeit durch die Fläche $ODFH = OABC$ dargestellt wird, von welcher ein der Fläche $ODEC$ entsprechender Betrag niemals ausgenutzt werden kann. Das Wärmegewicht DE dieser nicht umwandelbaren Wärme entspricht etwa dem von Clausius unter dem Namen der Entropie eingeführten Begriffe.

Es wird natürlich bei allen unseren Dampfmaschinen im Interesse einer möglichst vorteilhaften Ausnützung geboten sein, diesen nicht umwandelbaren Teil der Wärme so klein wie möglich zu halten, und dies wird erreicht werden können dadurch, dass wir sowohl die niedere Temperatur $T_1 = OD$, als auch das Wärmegewicht $DE = AB = \dfrac{Q_2}{T_2}$ möglichst klein zu machen suchen. Es ist von vornherein klar, dass es uns niemals gelingen kann, die ganze in der zugeführten Wärme enthaltene Arbeit nutzbar zu machen, weil dazu entweder die Temperatur T_1 oder das Wärmegewicht AB gleich Null sein müsste, welche letztere Bedingung nur durch einen unendlich grofsen Wert der oberen Temperatur T_2 erreichbar sein würde. Beide Bedingungen sind selbstverständlich niemals von uns zu erfüllen; wir sind vielmehr bei der Wahl der Temperaturen T_1 und T_2 von vornherein durch unsere irdischen Verhältnisse zwischen gewisse ziemlich nahe liegende Grenzen eingeschlossen.

Was die untere Temperatur T_1 anbetrifft, so ist leicht zu ersehen, dass dieselbe niemals kleiner gehalten werden kann als die Temperatur der uns umgebenden Atmosphäre, und dass wir bei unseren wirklichen Ausführungen diese unterste Grenze niemals vollständig erreichen werden; denn selbst bei den besten Condensatoren wird die Temperatur des condensirten Dampfes immer noch diejenige der Atmosphäre oder des Kühlwassers beträchtlich übersteigen. Man könnte zwar vielleicht daran denken, durch künstliche Mittel, wie bei den Kältemaschinen, die Temperatur T_1 unter die der Atmosphäre zu erniedrigen; doch erkennt man sogleich die vollständige Zwecklosigkeit eines solchen Verfahrens. Zu einer derartigen Abkühlung, d. h. zu einer Verwandlung von Wärme in Arbeit mit Hilfe des umgekehrt geführten Carnot'schen Processes, müsste nach dem zweiten Hauptsatze gleichzeitig eine entgegengesetzte gleich schwere Verwandlung von Arbeit in Wärme vorgenommen werden. Die hierzu aufzuwendende Arbeit würde dann, von allen Nebenhindernissen abgesehen, den durch die Erniedrigung von T_1 etwa erzielbaren Arbeitsgewinn gerade aufwiegen. Wer an eine solche Anordnung denken wollte, würde dem Müller gleichen, der das Gefälle für sein Wasserrad dadurch vergröfsern wollte, dass er in dem Untergraben einen Schacht abteufen wollte, in welchem dem Wasser noch Gelegenheit zum Niedersinken und zur Verrichtung einer Arbeit geboten wäre, die natürlich nicht gröfser sein könnte, als die vorher zum Auspumpen des Schachtes erforderlich gewesene. Wir müssen also von vornherein die Temperatur unserer Umgebung oder der Atmosphäre als die von der Natur uns gesetzte niedrigste Grenze für die untere Temperatur T_1 ansehen.

Es kommt daher das zweite Mittel einer möglichsten Verkleinerung des Wärmegewichtes durch die Annahme einer thunlich grofsen oberen Temperatur T_2 in Betracht. Auch hier sind wir sehr bald an der Grenze angelangt, welche unserem Können durch die irdischen Verhältnisse gesteckt ist. Da wir unsere Kessel und Maschinen aus Metallen herstellen müssen, deren Festigkeit bei höheren Temperaturen schnell abnimmt, so wird es kaum jemals gelingen, in Maschinen eine höhere Temperatur als etwa 300⁰ C. in Anwendung zu bringen, und auch schon bei diesem Wärmegrade ist nicht mehr an die Verwendung gesättigter Wasserdämpfe zu denken, da deren Spannung hierbei einen Wert annehmen würde, gegen welchen die Festigkeit unserer Materialien zu klein ist. Eine solche Temperatur würde daher nur bei Heifsluftmaschinen oder bei der Verwendung überhitzter Dämpfe möglich sein. Für unsere gewöhnlichen Dampfmaschinen dagegen beziffert sich bei einer Dampfspannung von 10 Atm. die Temperatur zu $t_2 = 180^0$, also $T_2 = 453^0$, und es gehört daher bei dieser Temperatur zu jeder Wärmeeinheit ein Wärmegewicht von $\frac{1}{453} = 0{,}0022^{kg} = 2{,}2^g$. Unter den allergünstigsten Annahmen, d. h. wenn keinerlei Verluste eintreten würden und eine Abkühlung bis auf die Temperatur der Atmosphäre gleich $T_1 = 12 + 273 = 285^0$ möglich wäre, würde man daher höchstens eine Leistung von $\frac{453 - 285}{453} = 0{,}371$ oder 37 pCt. derjenigen Arbeit nutzbar machen können, welche in der Wärme überhaupt enthalten ist.

Würde man dem gegenüber unter Verwendung überhitzter Dämpfe eine obere Temperaturgrenze von 300⁰ C., also $T_2 = 573^0$ ermöglichen, so würde unter denselben Annahmen theoretisch ein Betrag von $\frac{573 - 285}{573} = 0{,}503$ oder 50 pCt. der in der Wärme enthaltenen Arbeit auszunützen sein. Es muss indessen schon hier bemerkt werden, dass die Verwendung überhitzter Dämpfe zwar gewisse Vorteile bietet, die letzteren aber keineswegs durch das Verhältnis jener Zahlen 37 und 50 dargestellt sind, wie sich im folgenden aus der Betrachtung des betreffenden Diagrammes ergeben wird.

Aus diesen Bemerkungen ergiebt sich das folgende. Wenn auch eine Wärmeeinheit immer denselben Arbeitsbetrag von 424^{mkg} enthält, wie hoch oder wie niedrig die dabei herrschende Temperatur sein mag, so ist doch für die Zwecke der Arbeitserzeugung eine Wärmeeinheit um so wertvoller, je höher die Temperatur dabei ist, weil die wirklich ausnutzbare Leistung einen um so gröfseren Bruchteil der ganzen Leistung darstellt, je gröfser diese Temperatur ist. Es steht hiermit wohl im Zusammenhange, wenn Carnot annahm, dass die Wärme von höherer Temperatur überhaupt einen gröfseren Arbeitsbetrag in sich enthalte, als die gleiche Wärmemenge von niederer Temperatur; eine Annahme, welche durch die Versuche widerlegt ist. Würden wir uns in einer Atmosphäre aufhalten, deren Temperatur diejenige des absoluten Nullpunktes ist, so würde auch jede Wärmeeinheit, gleichviel von welcher Temperatur, für unsere Maschinen denselben Wert haben. Wegen der Temperatur unserer Umgebung ist es aber vorteilhafter, die Wärme bei möglichst hoher Temperatur zu verwenden. Man kann hier etwa das Beispiel eines Karrens von bestimmtem Gewichte anführen, welcher zum Erdtransporte gebraucht wird. Je gröfser hierbei die Nutzladung im Vergleich mit dem toten Gewichte des Karrens gewählt werden kann, um so gröfser wird die nützliche Transportwirkung beim Versetzen der zu bewegenden Erdmasse sein, welche durch jede Arbeitseinheit zu erzielen ist.

Wenn nun in unseren Maschinen nur Verwandlungen und keine Uebergänge vorkämen, d. h. also, wenn wir es nur mit umkehrbaren Processen zu thun hätten, so würde durch die Festsetzung der oberen und der unteren Temperaturen T_2 und T_1 für jede Wärmemenge deren Wärmegewicht und die auszunutzende Arbeit, also auch der Wirkungsgrad, bestimmt sein. Nun giebt es aber in der Natur überhaupt keinen umkehrbaren Process, da bei allen uns bekannten Bewegungsvorgängen immer Uebergänge von Energie auftreten, sei es kinetische Energie, sei es Wärme. Da ferner mit jedem Wärmeübergange das Wärmegewicht notwendig vergröfsert wird, indem ein solcher Uebergang stets nur in absteigender Richtung von höherer zu niederer Temperatur stattfindet, so wird hierdurch auch immer der Betrag der nicht umwandelbaren Wärme vergröfsert, also die nutzbare Leistung kleiner gemacht. Es entspricht dies dem Lehrsatze, welcher in den Lehrbüchern der mechanischen Wärmetheorie in der Regel besonders bewiesen zu werden pflegt, dass von allen zwischen zwei bestimmten Temperaturen verlaufenden Kreisprocessen der höchste Wirkungsgrad dem Carnot'schen umkehrbaren zukommt. Auch steht es hiermit im Zusammenhange, wenn Clausius den Satz ausspricht: »Die Entropie des Weltalles strebt einem Maximum zu.«

Es wird hiernach immer bei der Anordnung von Maschinen darauf ankommen, diese Uebergänge so viel als thunlich zu vermeiden.

Fasst man die Vorgänge ins Auge, welche beim Betriebe unserer Dampfmaschinen stattfinden, so findet man eine Menge solcher Uebergänge, welche sich nicht vermeiden lassen. Zunächst geben die Verbrennungsgase unserer Feuerungen, welche etwa eine Temperatur von 1500^0 C. oder $T = 1773$ haben mögen, Wärme an die viel kälteren Kesselwandungen und durch diese an den im Kessel enthaltenen Dampf ab, welcher etwa eine Temperatur von 160^0 oder $T = 433^0$ haben möge. Es findet also hierbei ein Uebergang der Wärme von 1773^0 auf 433^0 und eine entsprechende Vergröfserung des Wärmegewichtes statt.

Bei der Dampferzeugung selbst stellt sich ein Wärmeübergang in der Art ein, dass das aus dem Condensator in den Kessel gepumpte Wasser von etwa 40^0 C. oder $T = 313$ in Berührung mit dem im Kessel befindlichen Wasser von $T = 433^0$ kommt. Bei diesem letzteren Uebergang ist die Temperaturdifferenz oder das Wärmegefälle veränderlich, indem dieses Gefälle von dem Werte $160^0 - 40^0 = 120^0$ beim Eintritte des Speisewassers bis auf den Wert Null in dem Augenblicke verringert wird, in welchem das Speisewasser die Temperatur des Dampfes angenommen hat und nunmehr seine Verdampfung beginnt. Dieser letztgedachte Wärmeübergang bei der Anwärmung des in den Kessel gebrachten Wassers würde nur dann zu vermeiden sein, wenn unsere Dampfmaschinen, ähnlich den geschlossenen Heifsluftmaschinen, immer mit derselben Dampfmenge arbeiteten, welche durch Compression stets am Ende des Kolbenlaufes adiabatisch auf die obere Temperatur T_2 gebracht würde, ein Vorgang, welcher schon deshalb nicht erreichbar ist, weil dann der Dampfcylinder gleichzeitig auch Dampfkessel und Condensator sein müsste.

Ein ähnlicher Uebergang der Wärme bei veränderlichem und zwar allmählich abnehmendem Temperaturgefälle stellt sich ein bei der Ueberhitzung des Dampfes sowie auch bei allen offenen calorischen Maschinen, welche immer mit neuer Luft arbeiten. Ein fernerer Uebergang von Wärme findet deswegen statt, weil der aus dem Cylinder ausblasende Dampf eine höhere Temperatur hat als die Atmosphäre, und zwar wird man hierfür das Temperaturgefälle constant gleich demjenigen Ueberschuss annehmen können, um welchen die Temperatur des Dampfes beim Beginne des Ausblasens die Temperatur der Atmosphäre übersteigt. Aufserdem kommen eigentümliche Wärmeübergänge vor, während der Dampf in dem Cylinder befindlich ist, und zwar sind diese Uebergänge immer doppelte. Einesteils wird nämlich im Anfange jedes Kolbenlaufes während der Volldruckperiode der wärmere Eintrittsdampf an die Cylinderwand eine gewisse Wärmemenge Q abgeben. Diese während jedes einfachen Schubes von dem Cylinder aufgenommene Wärmemenge wird aber im vollen Betrage wieder abgegeben, sobald der Beharrungszustand eingetreten ist. Diese Abgabe der aufgenommenen Wärmemenge Q geschieht nun in zweifacher Art, wenn von der unbedeutenden Abgabe nach aufsen durch Strahlung und Leitung abgesehen wird. Es erfolgt nämlich im allgemeinen die Wärmeabgabe sowohl an den treibenden Dampf während des letzten Teiles der Expansionsperiode wie auch an den abblasenden Dampf während des Ausblasens, also, wenn eine Compression nicht stattfindet, während des ganzen Kolbenlaufes. Es ist leicht zu ersehen, dass, abgesehen von der erwähnten Wärmeausstrahlung nach aufsen, jede Cylinderfüllung Dampf genau dieselbe Wärmemenge von der Cylinderwandung wieder empfängt, welche sie zuvor an dieselbe ablieferte, aber die Ablieferung geschieht bei höherer Temperatur und die Aufnahme bei geringerer, und hierin liegt der Grund des damit verbundenen Arbeitsverlustes. Diese Verhältnisse, welche in der neuesten Zeit so vielfach bei der Besprechung der calorimetrischen Versuche erörtert sind, gewinnen durch ein Diagramm, in welchem das Wärmegewicht figurirt, eine eigentümliche Klärung. Dieses Diagramm giebt in einfacher, kaum misszuverstehender Art Antwort auf wichtige Fragen, welche, wie z. B. diejenige des Dampfmantels, der Dampfüberhitzung, oder die nach dem eigentlichen Wirkungsgrade der Dampfmaschinen, so vielfach von Fachleuten und Gelehrten besprochen worden sind. Es sei gestattet, dieses Diagramm hier vorzuführen.

Ich nehme, um an einen bestimmten Fall mich anzulehnen, an, es trete in den Cylinder einer Dampfmaschine in bestimmter Zeit 1^{kg} gesättigter, trockener Dampf von einer Temperatur gleich 160⁰ C. oder einer absoluten Temperatur von 433⁰, entsprechend einer Spannung von etwa 6,4^{kg} pro qcm. Dieser Dampf soll erzeugt werden aus 1^{kg} Wasser von 40⁰ C., welches dem Condensator entnommen und in den Kessel gedrückt wird. Zur Erwärmung dieses Wassers von 40⁰ C. auf 160⁰ ist eine Wärmemenge erforderlich von $Q_w = 161{,}74$ — $40{,}04 = 121{,}7$ Wärmeeinheiten, indem die sogenannte **Flüssigkeitswärme** des Dampfes von 160 bekanntlich zu 161,74 Wärmeeinheiten und diejenige des Dampfes von 40⁰ zu 40,04 Wärmeeinheiten sich berechnet. Unter Flüssigkeitswärme ist hier, wie in der mechanischen Wärmetheorie üblich, diejenige Wärmemenge q verstanden, welche in 1^{kg} des betreffenden Wassers mehr enthalten ist, als in 1^{kg} Wasser von 0⁰ C.

Wenn diese Wärmemenge Q_w dem Wasser bei dessen höchster Temperatur 160⁰ C. oder $T = 433^0$ absoluter Temperatur zugeführt würde, so gehörte hierzu ein Wärmegewicht von $\frac{121{,}7}{433} = 0{,}281^{kg}$. Denkt man sich jetzt über der Horizontallinie OA_0, welche der Temperatur 0⁰ C. oder $T = 273^0$ entspricht, die Temperatur 40⁰ = A_0A und 160⁰ = A_0W

aufgetragen, und macht man das gefundene Wärmegewicht $0{,}281^{kg}$ gleich WW_0, so ist nach dem vorstehenden ersichtlich, dass das Rechteck AWW_0W_1 diejenige mechanische Arbeit ausdrücken würde, welche aus der aufgewendeten Wärmemenge $Q_w = 121{,}7$ Wärmeeinheiten nutzbar gemacht werden könnte, vorausgesetzt, dass der Verwandlungsprocess zwischen den Temperaturen 160^0 C. in W und 40^0 C. in A verliefe,

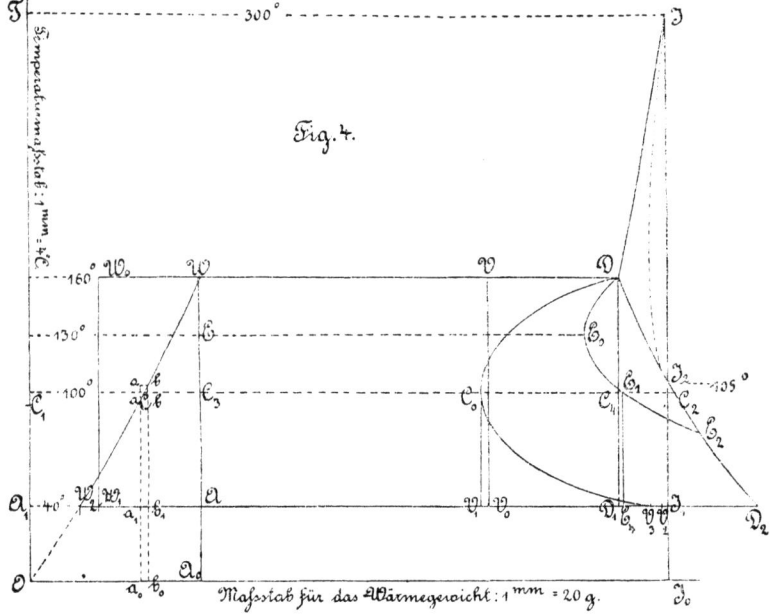

und dass diese Wärme, wie erwähnt wurde, dem Wasser vollständig bei dessen höchster Temperatur von 160^0 C. zugeführt worden wäre. Diese letztere Voraussetzung ist aber nicht erfüllt, die Wärmemenge Q_w ist dem Wasser vielmehr bei Temperaturen zugeführt worden, welche von $t = 40^0$ oder $T = 313^0$ im Anfang allmählich auf $t = 160^0$ oder $T = 433^0$ zu Ende der Erwärmung gestiegen sind. Es geht hieraus hervor, dass die Summe aller einzelnen Wärmegewichte, welche den auf einander folgenden Erwärmungen um unendlich kleine Temperaturerhöhungen zukommen, gröfser sein muss als das Wärmegewicht WW_0, das oben unter der Voraussetzung berechnet wurde, dass die Wärme Q_w vollständig bei der höchsten Temperatur zugeführt werde. Denkt man sich demgemäfs für eine grofse Anzahl von Temperaturen zwischen 40^0 und 160^0 die Wärmegewichte $\frac{\Delta Q}{T}$ bestimmt, welche einer geringen Temperaturerhöhung, etwa um 1^0 C., dabei entsprechen, und trägt man alle diese einzelnen Wärmegewichte in den betreffenden Temperaturhöhen, von W angefangen, nach einander horizontal an, so erhält man eine gewisse Curve WW_2O, welche in ihrem Verlaufe mafsgebend ist nicht nur für die Wärmegewichte, welche der Temperaturerhöhung des Wassers bis zu einem beliebigen Grade zukommen, sondern auch für die Gröfse des in nützliche Arbeit umwandelbaren Betrages der aufgewendeten Wärme. Um dies zu erkennen, denke man sich für eine beliebige Temperatur zwischen 40^0 und 160^0, welche durch die Horizontale CC_1 dargestellt sein mag, das Wärmegewicht bestimmt, welches einer Erwärmung des Wassers bei dieser Temperatur um eine kleine Gröfse $aa = bb$ entspricht. Dieses Gewicht sei durch ab dargestellt und zu gleichen Theilen nach beiden Seiten des Punktes C der erwähnten Curve angetragen; so ist es klar, dass der äufserst schmale Streifen von der Breite ab und einer Höhe gleich der des Punktes C über dem absoluten Nullpunkte (letzterer in der Figur nicht angegeben) die Arbeit vorstellt, welche derjenigen kleinen Wärmemenge äquivalent ist, die zu der gedachten Erwärmung aufzuwenden war. Ebenso ist es dann klar, dass von dieser Arbeit nur diejenige ausnutzbar ist, welche durch den zwischen C und AA_1 gelegenen Teil des besagten Streifens gemessen wird, während der unterhalb AA_1 gelegene bis zum absoluten Nullpunkte reichende Teil des Streifens nicht in Arbeit verwandelbar ist. Da diese Betrachtung für jeden beliebigen Punkt der Curve WCO in gleicher Weise gilt und man eine Summirung aller solcher Streifen vornehmen kann, so folgt auch, dass die Arbeit, welche aus der aufgewendeten Wärme Q_w erzeugt werden kann, durch die Dreiecksfläche AWW_2 dargestellt ist, während die nicht umwandelbare Energie durch das unterhalb AW_2 gelegene bis zum absoluten Nullpunkte reichende Rechteck gemessen wird. Man erkennt hieraus, dass infolge des hier betrachteten Wärmeüberganges das Wärmegewicht von dem Betrage AW_1, welchen es ohne Uebergang annehmen würde, auf denjenigen AW_2, also um den Betrag W_1W_2, vergröfsert worden ist. Mit dieser Vergröfserung des Wärmegewichtes ist aber nach dem vorbemerkten ein Verlust von nützlicher Arbeit verknüpft, welcher durch das unterhalb W_1W_2 liegende bis zum absoluten Nullpunkte reichende Rechteck dargestellt ist. Dieses Rechteck ist daher auch gleich der Differenz zwischen dem Rechtecke AWW_0W_1 und der Dreiecksfläche AWW_2. Das Diagramm ergiebt eine Zunahme des Wärmegewichtes von

$$W_1W_2 = 0{,}045^{kg} = 0{,}16\, AW_1,$$

so dass infolge hiervon ein Verlust an nützlicher Arbeit entsteht, welcher sich zu $\dfrac{0{,}045 \cdot 313}{121{,}7} = 0{,}115$ der aufgewendeten Wärmemenge Q_w bestimmt.

Es ist übrigens aus dieser ganzen Darstellung ersichtlich, dass die horizontalen Abstände der Curve WCO mit der in der mechanischen Wärmetheorie in der Regel durch $\tau = \int_0^t \dfrac{dq}{T}$ bezeichneten Function übereinstimmen, daher diese Curve auch einfach dadurch gefunden wird, dass man für hinreichend viele Höhen über O die diesen Temperaturen zugehörigen Werte von τ horizontal von OT aus abträgt. Die Werte von τ kann man hierzu der bekannten Tabelle entnehmen.

Nachdem das in den Kessel gelangte Speisewasser seine Temperatur von 40^0 auf 160^0 erhöht hat, wird ihm bei dieser letzteren constant bleibenden Temperatur die zur Verdampfung erforderliche latente Wärme $r = 493{,}56$ Wärmeeinheiten mitgeteilt, welcher Wärmemenge das Wärmegewicht $\dfrac{r}{T_2} = \dfrac{493{,}56}{433}$

= 1,140^{kg} zugehört. Diese der Dampfbildung entsprechende Gröfse des Wärmegewichtes ist in das Diagramm als WD eingetragen. Zieht man nun durch D eine Verticallinie DD_1 bis zur unteren Temperatur, so erhält man in dem Rechtecke $AWDD_1$ das Mafs für diejenige Arbeit, welche aus der latenten Wärme r zu gewinnen sein würde, wenn die Temperaturerniedrigung adiabatisch, d. h. ohne irgend welche Wärmeübergänge, bis zur Temperatur $t_1 = 40^0$ C. des Condensators erfolgen könnte. Da dies niemals möglich ist, so wird von der ganzen durch die Fläche W_2WDD_1 dargestellten Arbeit ein gewisser Teil nicht nutzbar gemacht, welcher Teil wieder einfach dadurch bestimmt werden kann, dass man die Vergröfserung des Wärmegewichtes feststellt, die mit den stattfindenden Uebergängen verbunden ist.

Ehe dies geschehen soll, möge eine andere Bemerkung gemacht werden. In das Diagramm ist noch eine gewisse Curve DC_2D_2 eingetragen, welche so gezeichnet ist, dass für irgend eine Temperatur, z. B. $A_0C_3 = t$ von C aus horizontal die Gröfse $CC_2 = \dfrac{r}{T}$ eingetragen wurde, so dass also diese Strecke CC_2 dasjenige Wärmegewicht vorstellt, welches der latenten Wärme von 1^{kg} Dampf von der betreffenden Temperatur $t = A_0C_3$ zugehört. Es stellt hiernach die krumme Linie DC_2D_2 in gewissem Sinne eine Curve constanter Dampfmenge oder, wie man auch sagen kann, die Curve trockenen Dampfes vor. Denkt man sich nämlich, dass die betrachtete Dampfmenge von 1^{kg} durch irgend welche Einflüsse ihre Temperatur von der Temperatur $A_0W = 160$ auf eine beliebige andere Gröfse, z. B. $A_0C_3 = t$, herabsetze, so ist erforderlich, dass das Wärmegewicht für die in diesem Dampf enthaltene Wärme bei dieser Temperatur $t = A_0C_3$ einen Wert CC_2 habe, wenn auch bei dieser Temperatur die ganze Gewichtsmenge von 1^{kg} in Dampfform vorhanden sein soll. Wenn dieser Bedingung nicht genügt ist, indem das Wärmegewicht der in dem Dampf enthaltenen Wärme nur gleich einem Bruchteile von CC_2 ist, so wird auch nur der entsprechende Teil der Masse in Dampfform und der Rest als Flüssigkeit vorhanden sein.

Hiernach lässt nun die Figur ohne weiteres erkennen, dass der Dampf, welcher bei der Temperatur $t = A_0 W = 160^0$ trocken war, bei der adiabatischen Verwandlung sofort feucht wird, und es ist auch leicht, für jeden Augenblick der Temperaturerniedrigung oder Expansion die Menge des niedergeschlagenen Wassers aus der Figur zu entnehmen. Ist z. B. die Temperatur von $t_2 = A_0 W$ bis auf den Wert $t = A_0 C_3$ gesunken, so müsste für diese Temperatur das Wärmegewicht von 1^{kg} Dampf gleich CC_2 sein. Da nun aber das in dem Dampf enthaltene Wärmegewicht infolge der inzwischen stattgefundenen Verwandlung nur mehr den Wert CC_4 hat, so genügt die diesem Wärmegewichte zugehörige Wärmemenge auch nicht mehr, um alles Wasser in Dampfform zu erhalten. Man erkennt daraus, dass das Verhältnis $\frac{CC_4}{CC_2}$ die Gewichtsmenge des noch vorhandenen Dampfes und $\frac{C_4 C_2}{CC_2}$ die Gewichtsmenge des niedergeschlagenen Wassers angiebt. Nimmt man an, dass feuchter Dampf einen Wasserbeschlag an der inneren Cylinderwand im Gefolge hat, so erkennt man aus dem Diagramme, dass ein solcher Beschlag so lange vorhanden sein wird, als der Punkt D, welcher durch seine Bewegung die Zustandsänderung angiebt, in dem Innern der Fläche $W_2 W D D_2$ verbleibt, und dass dieser Beschlag in dem Augenblicke verschwinden muss, in welchem der Punkt D bei dieser Bewegung die Curve DD_2 für trockenen Dampf durchschneidet.

Dieses Verhalten, wonach der Dampf bei der Expansion sich niederschlägt, ist von hervorragender Bedeutung für die Beurteilung des Wärmeaustausches zwischen dem Dampf und der Cylinderwand, insofern man nach allen Erfahrungen annehmen muss, dass dieser Wärmeaustausch bei ganz trockener Cylinderwand ein sehr geringer ist, dagegen einen hohen Wert annimmt, sobald die Wandung mit einem Wasserbeschlage versehen ist. Ein solcher Beschlag, etwa in Form eines zarten Thaues, muss nun nach dem bemerkten sofort erfolgen, sobald nach geschehenem Abschlusse des eintretenden Dampfes eine Expansion und damit eine Temperaturerniedrigung eintritt, auch wenn der Dampf, wie hier vorausgesetzt wurde, beim Eintritte vollkommen trocken ist. Um die hierbei stattfindenden Vorgänge zu beurteilen, sei zunächst ein Cylinder ohne Dampfmantel vorausgesetzt, und es möge der jedenfalls nur sehr geringe Wärmeverlust aufser Acht gelassen werden, welchen die Cylinderwand nach aufsen hin durch Strahlung und Leitung erfährt. Die innere Wand ist nun teilweise mit frischem Dampf von 160^0 C., dessen Temperatur allmählich auf 40^0 C. herabsinkt, und teilweise mit ausblasendem Dampfe von 40^0 C. in Berührung. Ohne Zweifel wird die innerste Schicht des Dampfcylinders in dem vorausgesetzten Beharrungszustande eine in gewissen Grenzen schwankende Temperatur annehmen, deren durchschnittlicher Wert t zwischen der oberen Temperatur t_2 und der unteren t_1 gelegen ist. Eine genaue Bestimmung dieser durchschnittlichen Cylindertemperatur ist nach den bisherigen Kenntnissen nicht möglich, und daher wird eine genaue Feststellung der Vorgänge auch zur Zeit nicht durchführbar sein; man wird sich vielmehr darauf beschränken müssen, den Verlauf dieser Vorgänge im allgemeinen klar zu stellen. Es möge zu dem Ende hier eine bestimmte Annahme hinsichtlich dieser durchschnittlichen Cylindertemperatur erlaubt sein, und es sei dieselbe etwa gleich dem arithmetischen Mittel von t_2 und t_1, also gleich 100^0 vorausgesetzt, womit natürlich keineswegs behauptet sein soll, dass in Wirklichkeit die mittlere Temperatur diesen Wert haben müsse. Es ist nunmehr klar, dass eine Wärmeabgabe von Seiten des treibenden Dampfes an den Cylinder nur so lange stattfinden kann, als die Temperatur des ersten gröfser als $t = 100^0$ ist, also während der Dampf sich in einem Zustande befindet, der im Diagramm durch eine Abscisse zwischen WD und CC_2 dargestellt ist, wenn CC_2 der Temperatur $t = 100^0$ entspricht. Man kann sich nun die Aufgabe stellen, die Veränderung des Diagrammes zwischen D und C_4 unter der Voraussetzung zu ermitteln, dass auf diesem Wege von dem Dampf eine bestimmte Wärmemenge an den Cylinder abgegeben werde. Hierzu muss man freilich das Gesetz kennen, welches die bei verschiedenen Temperaturdifferenzen übertragenen verhältnismäfsigen Wärmemengen bestimmen lässt, eine Gesetzmäfsigkeit, welche uns bisher noch vollständig unbekannt ist. Da es sich nun hier nur um einen Einblick in die allgemeinen Verhältnisse und weniger um die Ermittlung bestimmter Zahlenwerte handelt, so wollen wir hinsichtlich dieser Gesetzmäfsigkeit irgend eine Annahme und zwar der Einfachheit wegen diejenige machen, dass die Wärmeabgabe für gleiche Abstiege der Temperatur, etwa um 1^0 C., immer im geraden Verhältnisse mit dem Ueberschusse stehe, um welchen die dabei stattfindende Dampftemperatur die mittlere Temperatur der inneren Cylinderwand übertrifft. Die Zeichnung des Diagrammes wird übrigens erkennen lassen, dass es für die Verhältnisse nur von nebensächlicher Bedeutung ist, wenn die Wärmeabgabe in den verschiedenen Zuständen einem etwas anderen als dem hier zu Grunde gelegten Gesetze folgt.

Für die Zeichnung ist nun, um genügende Deutlichkeit des Diagrammes zu erlangen, angenommen, die Wärmeabgabe des Dampfes an die Cylinderwand betrage 25 pCt. der ganzen zuvor dem Dampfe mitgeteilten Gesammtwärme. Dieser Wärmeaustausch entspricht daher einer Wärmemenge, deren Wärmegewicht bei der Temperatur $t = 160^0$ durch die Strecke $DV = 0{,}25 \cdot DW_0 = 0{,}355^{kg}$ dargestellt ist. Würde diese Wärmemenge bei dieser höchsten Temperatur $t_2 = 160^0$ ohne weiteres verloren gehen, so würde damit natürlich auch ein Verlust an Arbeit verbunden sein, welcher nach dem vorbemerkten durch den rechteckigen Streifen DVV_0D_1 $= 0{,}25 DW_0W_1D_1$ dargestellt wäre, d. h. es würden mit dieser Wärme 25 pCt. derjenigen Arbeit verloren gehen, welche die überhaupt verwendete Wärme bei einem adiabatischen Verwandlungsprocesse zwischen den Temperaturen $t_2 = 160^0$ C. und $t_1 = 40^0$ ausüben könnte.

Da nun aber die Wärme nicht bei der höchsten Temperatur $t_2 = 160^0$, sondern bei allen Temperaturen zwischen $160^0 = A_0 W$ und $100^0 = A_0 C_3$ übergeht, so wird die Zustandsänderung nicht durch die Verticale VV_0, sondern durch eine Curve DC_0 dargestellt sein. Diese Curve ist derart entworfen, dass, den oben gemachten Voraussetzungen gemäfs, für verschiedene Temperaturen von 1^0 zu 1^0 die abgegebenen Wärmemengen ermittelt, durch Division derselben mit den zugehörigen absoluten Temperaturen die Wärmegewichte bestimmt und diese Gewichte nach einander von D aus nach links abgetragen worden sind. Diese Curve muss natürlich in C_0 eine verticale Tangente haben, da der Voraussetzung nach die Wärmeabgabe aufhört, sobald der Dampf seine Temperatur auf den Wert 100^0 herabgesetzt hat, welcher als durchschnittliche Temperatur der inneren Cylinderwand vorausgesetzt worden ist. Die so erhaltene Verringerung des Wärmegewichtes ergiebt sich zu

$$C_4 C_0 = 0{,}375^{\text{kg}},$$

ein Wert, welcher selbstredend gröfser ausfallen muss als das Wärmegewicht $DV = 0{,}355^{\text{kg}}$, welches der übergegangenen Wärmemenge bei der höchsten Temperatur $t_2 = 160^0$ C. entspricht.

Die ganze von dem Dampf an den Cylinder abgegebene Wärme muss nun von dem letzteren im vollen Betrage an den Dampf zurückgegeben werden, und zwar geschieht diese Rückerstattung, wie schon erwähnt, zum Teil an den treibenden Dampf während dessen weiterer Expansion und zum Teil an den abblasenden Dampf. Es ist nun zwar nicht möglich, diese beiden Beträge einzeln festzustellen; aber man gelangt zu einer Uebersicht, wenn man die Grenzwerte für den Arbeitsverlust ermittelt, welcher unter den beiden Voraussetzungen eintritt, dass die ganze aufgenommene Wärme entweder nur an den abblasenden Dampf oder nur an den treibenden Dampf während seiner Expansion zurückgegeben werde. Unter der ersteren Voraussetzung, dass die von dem Cylinder aufgenommene Wärmemenge im vollen Betrage an den abblasenden Dampf abgegeben wird, hat man für den treibenden Dampf, welcher in diesem Falle weder Wärme abgeben noch empfangen würde, eine adiabatische Zustandsänderung anzunehmen, der zufolge das in dem Dampfe schliefslich bei der Temperatur $t = 40^0$ enthaltene Wärmegewicht in $W_2 V_1$ erhalten wird, sobald man an C_0 die verticale Tangente $C_0 V_1$ zieht. Alsdann wird dem ausblasenden Dampf aber vom Cylinder die übergegangene Wärmemenge $0{,}25\, Q_2$ mitgeteilt, wodurch das Wärmegewicht um den Betrag $V_1 V_2$ vergröfsert wird. Man erkennt hieraus, dass in diesem Falle durch den ganzen hier betrachteten Vorgang das Wärmegewicht des Dampfes beim Verlassen der Maschine um die Gröfse $D_1 V_2$ vermehrt worden ist. Diese Gröfse entspricht nach dem Diagramme bei einem Uebergange gleich $^1/_4$ der ganzen verwendeten Wärme Q_2 einem Verluste gleich 21,7 pCt. der ohne diesen Uebergang von dem Dampfe zu erzielenden Nutzarbeit. Dass dieser Verlust kleiner als 25 pCt. sein muss, hängt damit zusammen, dass die Wärme nicht bei der höchsten Temperatur $t_2 = 160^0$, sondern allmählich bei Temperaturen zwischen 160^0 und 100^0 übergeht, so dass diese übergehende Wärme zuvor noch eine gewisse Arbeit verrichten konnte. Es verhält sich dieser Vorgang etwa wie derjenige bei einem oberschlächtigen Wasserrade, bei welchem 25 pCt. des Aufschlagwassers in Verlust geraten. Würde dieser Verlust aus einer Undichtigkeit des Obergrabens entstehen, so gingen damit auch 25 pCt. der ohne ihn zu erwartenden Nutzleistung verloren. Stellt sich der Wasserverlust aber infolge von Undichtheiten der Radzellen ein, so ist der Arbeitsverlust geringer, da das in Verlust geratende Wasser vor seinem Herabfallen eine gewisse Arbeit an das Rad übertragen konnte. Die in unserem Falle zu erwartende Arbeit wird durch die Fläche $W_2 W D C_0 V_1 W_2$ gemessen.

Macht man jetzt die zweite Voraussetzung, dass die vom Cylinder aufgenommene Wärme vollständig an den Dampf während seiner Expansion zurückgegeben werde, so kann man in ähnlicher Art, wie vorher die Curve $D C_0$ gezeichnet wurde, deren Verlängerung $C_0 V_3$ entwerfen, welche Curve die Vergröfserung des Wärmegewichtes angiebt, welches der Rückgabe von Wärme an den Dampf entspricht. Diese Curve muss aus leicht ersichtlichen Gründen die Verticale $D D_1$

durchschneiden, und man erhält daher eine Vergröfserung des Wärmegewichtes in dem Betrage $D_1 V_3$. Diese Vergröfserung ist geringer als diejenige $D_1 V_2$, welche unter der zuerst gemachten Voraussetzung erhalten wurde; daher ergiebt sich auch der Arbeitsverlust kleiner, nämlich zu 16,5 pCt. der sonst zu erwartenden Nutzarbeit. Es folgt also hieraus das interessante Resultat, dass hier ein Arbeitsverlust von 16,5 pCt. eintritt, trotzdem der Dampf während seiner Wirkung Wärme gar nicht verliert, indem er die ganze während der ersten Periode der Expansion an den Cylinder abgegebene Wärme von diesem während der zweiten Periode im vollen Betrage zurückerstattet erhält. Dieser Verlust ist eine Folge des betrachteten Wärmeüberganges, durch welchen für die übergehende Wärmemenge das Temperaturgefälle verkleinert wird. Dieser Vorgang entspricht einem ähnlichen bei einem oberschlächtigen Wasserrade, bei welchem eine Zelle durch eine Undichtheit in dem oberen Teile ihres absteigenden Weges Wasser verliert, welches man etwa durch einen Mantel oder ein Auffangegefäfs aufnehmen würde, um es der Zelle im unteren Teil ihres Weges wieder zuzuführen. Trotzdem bei einer solchen Anordnung die Zelle im tiefsten Punkte die ganze im obersten Punkt empfangene Wassermenge enthalten könnte, wäre doch die Nutzleistung geringer, weil ein Teil des Wassers unterwegs in ähnlicher Weise der Arbeitsleistung entzogen würde, wie es bei dem Dampfe mit einem Teile der Wärme der Fall ist. Die geleistete Arbeit ist hier durch die Fläche $W_2 W D C_0 V_3 W_2$ dargestellt.

Das Diagramm zeigt, dass in den beiden hier betrachteten Fällen der ausblasende Dampf feucht sein muss, weil V_2 wie V_3 noch innerhalb der durch die Curve DD_2 für trockenen Dampf begrenzten Fläche gelegen ist. Mit Rücksicht hierauf wird man annehmen müssen, dass der gröfste Teil der übergegangenen Wärme während des Ausblasens zurückgegeben wird, weil hierfür sowohl die Dauer wie die Temperaturdifferenz gröfser ist als für diejenige Expansionsperiode, während welcher die Temperatur des Dampfes unter die Cylindertemperatur herabgegangen ist. Man könnte auch aus dem Diagramm entnehmen, wie grofs die übergehende Wärme sein müsste, um gegen Ende der Expansion trockenen Dampf zu erhalten; es müsste dann die Vergröfserung des Wärmegewichtes den Wert $D_1 D_2$ erreichen. Dieser Zustand, vermöge dessen der Dampf bei beginnendem Ausblasen kein tropfbares Wasser beigemengt enthält, muss als ein anzustrebender bezeichnet werden, weil unter dieser Bedingung einer nicht mit Wasser beschlagenen Cylinderwand die Abgabe von Wärme an den entweichenden Dampf jedenfalls nur sehr gering ist. Man ersieht aber aus dem Diagramme, dass zur Erreichung dieses Zustandes eine noch viel gröfsere Wärmemenge als die hier angenommene ausgetauscht werden müsste, und dass mit diesem Austausch ein entsprechender Verlust an nutzbar gemachter Arbeit verbunden ist. Hieraus erklärt sich denn zur Genüge, warum der wirkliche Verbrauch an Wärme oder Dampf unter Umständen so viel beträchtlicher ist, als er dem Indicatordiagramme zufolge sein müsste, ohne dass man nötig hätte, diesen grofsen Mehrbetrag einer Undichtigkeit des Kolbens oder Schiebers zuzuschreiben. Es handelt sich hierbei nicht sowohl um eine Undichtigkeit des Kolbens gegen durchströmenden Dampf, als gewissermafsen um eine Undichtigkeit der Cylinderwandung gegen übergehende Wärme, und es ist daher wohl nicht begründet, wenn man der mechanischen Wärmetheorie den Vorwurf gemacht hat, sie ermögliche nicht die Bestimmung des wirklichen Dampfverbrauches von Dampfmaschinen. Im Gegenteil scheint, wenn man nur die bisher gar zu häufig festgehaltene Annahme einer adiabatischen Zustandsänderung aufgeben will, vorzugsweise die mechanische Wärmetheorie geeignet und berufen zu sein, die Ursachen des gedachten Mehrverbrauches zu erklären. So z. B. ersieht man aus dem Verlaufe der Curve $D D_2$, welche um so flacher gegen die Abscissenachse verläuft, je geringer die Dampfspannung ist, dass gerade bei den Niederdruckmaschinen die gedachten Uebelstände stärker hervortreten müssen, als bei Maschinen mit höheren Spannungen, weil für die letzteren die gedachte Curve sich der verticalen Richtung mehr nähert. Hierin dürfte vielleicht ein Grund dafür zu erkennen sein, warum gerade bei den Niederdruckmaschinen die Anordnung eines Dampfmantels besondere Vorteile verspricht, wie dies mit Rücksicht auf die gemachten Erfahrungen auch in der Regel ausgesprochen wird, ohne dass man, wie es scheint, bisher eine genügende Erklärung geben konnte.

Fragt man überhaupt nach der Wirkungsweise und den Vorzügen oder Nachteilen des Dampfmantels, für und gegen welchen bisher so häufig in der verschiedensten Art gesprochen worden ist, ohne dass man gerade sagen könnte, die Frage sei in einer unzweifelhaften Art beantwortet, so wird auch hier das Diagramm einen ziemlich sicheren Anhalt zur Beurteilung geben.

Nehmen wir zu dem Ende an, die bisher als mantellos betrachtete Maschine werde nunmehr mit einem Mantel versehen, der durch frischen Kesseldampf geheizt werde. Ohne Zweifel wird durch diese Heizung die durchschnittliche Temperatur der inneren Cylinderwandung einen höheren Wert annehmen, als dies ohne Mantelumhüllung der Fall ist. Es möge vorausgesetzt werden, dass in dem vorliegenden Falle diese durchschnittliche Temperatur des Cylinders durch den Mantel von 100 auf 130º C., also von $A_0 C_3$ auf $A_0 E$ erhöht werde. Da diese Temperatur immer noch geringer sein wird, als diejenige $t_2 = 160º$ des eintretenden Dampfes, so wird auch jetzt noch ein Uebergang von Wärme aus dem Dampfe in den Cylinder so lange stattfinden, wie der erstere noch wärmer ist als der letztere, also auf dem Wege zwischen WD und EE_0; aber die übergehende Wärme muss jetzt wegen der geringeren Temperaturdifferenz kleiner sein, als vorher ohne Mantel. Unter Festhaltung des oben angenommenen Gesetzes, wonach die übergehende Wärme direct proportional mit der jeweiligen Temperaturdifferenz sein soll, wird jetzt, wo die gröfste Differenz (30º) nur halb so grofs ist, als ohne Mantel, die übergehende Wärme nur den vierten Teil der vorher übergeführten, also etwa 6 pCt. der zur Verwendung gebrachten Wärmemenge betragen. Dieser Voraussetzung entsprechend ist die Curve DE_0 gezeichnet, welche die Abnahme des Wärmegewichtes angiebt, und welche in E_0 eine verticale Tangente hat. Nimmt man nun an, die von dem Dampfe an den Cylinder abgegebene Wärme werde von letzterem an den weiter expandirenden Dampf nach demselben Gesetze zurückgegeben, so findet wiederum wie zuvor eine Vergröfserung des Wärmegewichtes statt, und die fortgesetzte Curve DE_0E_1 wird die Verticallinie DD_1 durchschneiden, so dass in E_1 eine Vergröfserung des Wärmegewichtes um C_4E_1 erfolgt ist. In diesem Zustande ist der Dampf noch feucht, da E_1 noch vor der Curve trockenen Dampfes DD_2 gelegen ist. Es wird daher infolge der beschlagenen Cylinderwand noch weitere Wärme an den Dampf übertragen, welche Wärme nun von dem Manteldampfe hergegeben wird. Denkt man sich daher die Curve DE_0E_1 ihrem Charakter gemäfs fortgesetzt, so schneidet dieselbe in E_2 die Curve DD_2, und in diesem Augenblicke ist der Beschlag verschwunden, der Dampf als trockener anzusehen. Von diesem Augenblicke wird aber auch die Wärmeabgabe von Seiten des Manteldampfes eine wesentlich geringere sein. Diese Wärmeabgabe wird nunmehr durch die Curve E_2D_2 dargestellt sein, indem nämlich bei einer weiteren Erniedrigung der Temperatur von derjenigen in E_2 auf diejenige $t_2 = 40^0$ in AD_2 der Dampf fortwährend trocken bleibt, weil der Dampfmantel immer im Stande ist, bei einem eintretenden Beschlage der Cylinderwandung die zur Verdampfung des condensirten Wassers erforderliche Wärme zu liefern.

· Wenn daher der benutzte Dampf zum Ausblasen gelangt, wird demselben von dem Cylinder nur verhältnismäfsig wenig Wärme mitgeteilt werden können, da es an der zur Wärmeübertragung erforderlichen Benetzung der Wand mit tropfbarem Wasser fehlt. Der Dampfmantel wird daher in diesem Falle sehr vorteilhaft wirken, und zwar nach dem Diagramme in folgender Weise. Zunächst ist die Wirkung des Dampfmantels im ersten Teile der Expansion eine verhütende, indem dadurch der bedeutende Arbeitsverlust, welcher ohne Mantel durch die Fläche $DC_0V_3D_1$ dargestellt ist, wegen der höheren Cylindertemperatur auf den kleineren durch die Fläche $DE_0E_1C_4$

dargestellten Verlust herabgezogen wird. Zu dieser Wirkung wird direct keine Wärme des Manteldampfes verbraucht. Dagegen muss in dem folgenden Teile des Kolbenlaufes von dem Manteldampfe Wärme zur erforderlichen Vergröfserung des Wärmegewichtes entsprechend der Curve trockenen Dampfes $E_2 D_2$ hergegeben werden, und es wird durch diese Wärme nach dem vorbemerkten eine durch die Fläche $E_1 E_2 D_2 E_4$ dargestellte Arbeit gewonnen. Allerdings ist diese letztere Arbeitsleistung nicht gerade eine sehr günstige zu nennen, da die hierzu erforderliche Wärme dem Manteldampfe, also bei der höchsten Temperatur $t_2 = 160^0$ entnommen wird, so dass diese Wirkung des Mantels mit einem beträchtlichen Abstiege der Temperatur, also mit entsprechendem Arbeitsverluste, verbunden ist. Dieser Verlust wird aber im allgemeinen gering gegen denjenigen sein, welcher ohne Mantel aus dem vorhin besprochenen Wärmeaustausche zwischen Dampf und Cylinder entsteht.

Es wurde hierbei vorausgesetzt, dass der Mantel genügend wirksam sei, um alles im Cylinder vorhandene oder sich bildende Wasser während der Expansion zu verdampfen, so dass trockener Dampf zum Austritte gelangt, und in diesem Falle dürfte der Vorteil einer Ummantelung wohl aufser Zweifel sein. Wenn indessen diese Voraussetzung nicht zutrifft, etwa deswegen nicht, weil schon der in den Cylinder tretende Dampf mit verhältnismäfsig beträchtlichen Wassermengen beladen ist, welche während der Expansion durch den Dampfmantel nicht vollständig verdampft werden können, so wird der beim beginnenden Ausblasen noch vorhandene Wasserrest erst während dieses Ausblasens ganz oder teilweise durch den Einfluss des Mantels verdampft, und in diesem Falle wird der Dampfmantel eine sehr wenig zweckmäfsige Einrichtung zu nennen sein. Seine Wirkung kommt unter solchen Verhältnissen im wesentlichen auf eine systematische Heizung des abblasenden Dampfes hinaus, womit natürlich eine nicht zu rechtfertigende Vergeudung der Wärme verbunden ist. Das Indicatordiagramm wird zwar auch in diesem Falle, wie überhaupt bei gemantelten Cylindern, voller und die absolute Leistung der Maschine wird gröfser werden, die Feststellung dagegen des Dampfverbrauches, bei welcher selbstredend die Condensation im Mantel mit in Rechnung zu bringen ist, wird in solchem Falle eine sehr wenig sparsame Wirkungsweise ergeben. Aus diesen Bemerkungen lässt sich in Kürze etwa folgendes Resultat entnehmen: Dampfmäntel versprechen im allgemeinen günstige Resultate in solchen Fällen, wo man dem Cylinder möglichst trockenen Dampf zuführen kann, wogegen bei der Anwendung von Dampf mit grofsem Wassergehalte die Mäntel eher schädlich als förderlich wirken werden. Diese Verschiedenheit der Wirkung je nach den Umständen mag es erklären, warum die Ansichten über die Zweckmäfsigkeit oder Unzweckmäfsigkeit des Dampfmantels so weit aus einander gehen und dieselbe Einrichtung von dem einen für zwecklos oder sogar schädlich gehalten wird, während sie in dem anderen einen warmen Verteidiger findet. Es erscheint danach der Dampfmantel wie eine zweischneidige Waffe, deren unvorsichtiger Gebrauch den eigenen Träger verwundet. Leider ist das über diesen Punkt sprechende Versuchsmaterial bisher so gering, dass durch dasselbe wenig in dem einen oder anderen Sinne erhärtet wird. Man muss hoffen, dass die in neuerer Zeit mit so vielem Eifer von verschiedenen Seiten aufgenommenen calorimetrischen Versuche etwas mehr Licht über diese Frage verbreiten werden.

Man kann auch noch in einer anderen Weise den Wärmeaustausch zwischen dem Dampfe und der Cylinderwand beseitigen oder doch herabziehen, nämlich durch eine Ueberhitzung des der Maschine zugeführten Dampfes. Es ist, um den Einfluss einer solchen Ueberhitzung vor Augen zu führen, in das Diagramm die Curve DJ eingetragen, welche für jeden ihrer Punkte in dessen horizontalem Abstande von der verticalen Linie durch D die Vergröfserung des Wärmegewichtes angiebt, die einer Ueberhitzung bis zu der Temperatur des betreffenden Punktes entspricht. Dabei ist eine specifische Wärme des Dampfes von 0,48 vorausgesetzt und im ganzen eine Ueberhitzung um 140°, also auf die Temperatur $JJ_0 = 300°$C. oder eine absolute Temperatur von 573 angenommen. Die Curve DJ ist in derselben Weise entworfen, wie diejenige W_2W

für die Erwärmung des Wassers von 40^0 auf 160^0, und es gilt für dieselbe ebenfalls die Bedingung, dass die Fläche D_1DJJ_1 das Mafs für die Gröfse derjenigen Arbeit vorstellt, welche aus der zur Ueberhitzung aufgewendeten Wärmemenge nutzbar gemacht werden kann. Denkt man sich daher auch wieder eine adiabatisch vor sich gehende Temperaturerniedrigung, so hat man im Diagramme der Verticalen JJ_0 zu folgen und ersieht, dass der Dampf bis zu dem Punkte J_2 überhitzt bleibt, in welchem diese Verticale die Curve DD_2 schneidet. In diesem Punkte, welcher in der Figur einer Temperatur von 105^0 C. entspricht, ist der Dampf gerade gesättigt, und es stellt sich bei weiterer Abkühlung ein Beschlag der Cylinderwand mit tropfbarem Wasser ein. Die Temperatur, bei welcher dies geschieht, ist nun aber eine so niedrige, dass die mittlere Cylindertemperatur wahrscheinlich gröfser ist, und es wird daher jetzt wohl hauptsächlich Wärme aus dem Cylinder in den Dampf übergehen. Hierdurch wird das sich niederschlagende Wasser wieder verdampft werden, sei es, während der Dampf expandirt, sei es während des Ausblasens. Die ganze Wärmemenge, welche hierbei übergehen muss, um alles sich bildende Wasser zu verdampfen, ist dann durch das Wärmegewicht J_1D_2 dargestellt. Es ist selbstverständlich, dass der Cylinder die zu dieser Wirkung erforderliche Wärmemenge zuvor von dem eingeführten überhitzten Dampfe empfangen muss, und dass mit Rücksicht hierauf der Vorgang in Wirklichkeit nicht durch die verticale Linie JJ_0, sondern durch eine nach innen gekrümmte Linie, wie die Punktirung andeutet, dargestellt sein wird. Es wird also auch hier ein Wärmeaustausch nicht vermieden, wohl aber, wie ein Blick auf das Diagramm zeigt, auf einen geringeren Betrag herabgezogen werden. Hierin wird man den hauptsächlichsten Vorteil der Anwendung des überhitzten Dampfes zu erkennen haben, und es will erscheinen, als ob diese Anwendung in vielen Fällen der Anordnung eines Dampfmantels vorzuziehen sein dürfte.

Mit der Ueberhitzung des Dampfes ist zwar, wie schon vorher bemerkt wurde, der Vorteil verbunden, dass man die obere Temperatur T_2 hierbei höher zu halten vermag, als dies bei der Anwendung gesättigten Dampfes möglich ist, so dass man mit dem höheren Temperaturgefälle zwischen T_2 und T_1 auch auf eine vorteilhaftere Ausnutzung der Wärme rechnen darf. Es ist aber aus dem Diagramme leicht ersichtlich, dass dieser Vorteil sich nur auf einen verhältnismäfsig kleinen Teil der überhaupt aufgewendeten Wärme erstreckt, nämlich nur auf den zur wirklichen Ueberhitzung aufgebrauchten Teil.

Der bei weitem gröfste Teil der zuzuführenden Wärme wird nach dem Diagramm in Form von latenter Wärme verwendet, und diesem Teil entspricht auch der gröfste Teil der erzeugten Arbeit, nämlich diejenige, welche durch das Rechteck $AWDD_1$ gemessen wird. Wenn man daher zuweilen die Ansicht ausgesprochen hat, der geringe Wirkungsgrad der Dampfmaschinen finde darin seine Erklärung, dass ein so erheblicher Teil der Wärme als latente Wärme aufgebraucht werde, um zuerst aus dem Wasser einen gasförmigen Körper zu bilden, was bei den calorischen Maschinen nicht der Fall sei, wo die Natur uns das Gas in der Luft unmittelbar liefert, und dass diese latente Wärme ganz oder grofsenteils verloren gehe, wie selbst Redtenbacher bemerkt, so kann diese Auffassung nicht berechtigt erscheinen. Das Diagramm zeigt vielmehr, dass die latente Wärme keineswegs verloren geht, sondern von derselben derjenige Teil in Arbeit verwandelt wird, welcher bei den gegebenen Temperaturen T_2 und T_1 überhaupt nur verwandelbar ist, und dass sogar die Zuführung gerade der latenten Wärme eine sehr vorteilhafte genannt werden muss, weil sie gänzlich bei der höchsten Temperatur T_2 geschieht. Gerade dass die latente Wärme des Wasserdampfes einen so hohen Wert hat, ist ein Vorzug der Dampfmaschine, denn nur dadurch ist es ermöglicht, durch verhältnismäfsig kleine Cylinderabmessungen grofse Leistungen zu erzielen. Wollte man z. B., wenn dies überhaupt möglich wäre, eine Dampfmaschine für überhitzte Dämpfe so ausführen, dass die ganze zugeführte Wärme nur zur Ueberhitzung verwendet würde, indem man immer mit derselben Dampfmenge arbeitete, welche man gar nicht zur Condensation gelangen liefse, so würde diese Dampfmaschine im wesentlichen mit einer Heifsluftmaschine übereinstimmen und mit allen den bekannten Mängeln der letzteren ebenfalls behaftet sein. In der Verkennung gerade dieser Verhältnisse dürfte wohl einer der Hauptgründe zu erblicken sein, warum an die Verbesserung der Heifsluftmaschinen von je her eine so grofse Summe von Zeit, Mühe und Geld nutzlos verschwendet worden ist.

Die letzten Bemerkungen legen es nahe, hier auf eine Frage einzugehen, welche schon lange die Fachkreise beschäftigt hat, und über welche die verschiedensten Ansichten laut geworden sind, nämlich die Frage nach dem eigentlichen Wirkungsgrade unserer Dampfmaschinen. Wenn wir finden, dass unsere allerbesten Maschinen für jede Pfkr. stündlich mindestens $0,8^{kg}$ Steinkohlen entsprechend etwa 6400 Wärmeeinheiten erfordern, also in jeder Sekunde mindestens 1,8 Wärmeeinheiten entsprechend einer äquivalenten Leistung von 760^{mkg} nötig sind, um thatsächlich 75^{mkg} Arbeit nutzbar zu machen, so finden wir, dass dieser nutzbar gemachte Wert noch nicht 10 pCt. von der in der aufgewendeten Wärme enthaltenen beträgt. Dieser geringe Wert hat Redtenbacher, zu dessen Zeit die Dampfmaschinen noch viel ungünstiger arbeiteten, bekanntlich zu einem absprechenden Urteil über das Güteverhältnis der Dampfmaschinen überhaupt veranlasst. Darauf hat Zeuner in seinen »Grundzügen der mechanischen Wärmetheorie« sich gewissermafsen der Ehrenrettung der Dampfmaschinen unterzogen und u. a. einen Vergleich mit den hydraulischen Motoren in etwa folgenden Worten angestellt:

»Legt man bei der Beurteilung der Gröfse der disponibelen Arbeit diejenige in Arbeit bestimmte Wärmemenge, die im Feuerraume frei wird, zu Grunde, so verhält es sich damit gerade so, als wollte man bei einem Wasserrade nicht das Gefälle vom Oberwasserspiegel bis zum Unterwasserspiegel, sondern den Verticalabstand von der Quelle des Wasserlaufes bis zum Meeresspiegel einführen.«

Später hat mein leider zu früh verstorbener College v. Reiche gegen diesen Vergleich den Einwand erhoben, dass es doch grundsätzlich nicht ausgeschlossen oder nicht undenkbar wäre, einen Wasserlauf in der That von seiner Quelle bis zum Meeresspiegel nutzbar zu machen, wenn auch durch viele Räder unter einander und mit gewissen Verlusten im Bette des Flusses.

Unter solchen Verhältnissen darf die beregte Frage wohl noch eine offene genannt werden; über dieselbe eine klare Entscheidung zu treffen, wird an der Hand des Diagrammes der Fig. 5 nicht schwierig sein. Wir nehmen zu diesem Zweck eine bestimmte Wärmemenge, etwa der Einfachheit wegen 1 Wärmeeinheit an, welche im Feuerraume frei wird, also etwa einem Aufwande von $1^1/_4^g$ Steinkohlen entspricht. Diese Wärme teilt sich im Feuerraume der Verbrennungsluft mit und ist nach den bekannten calorimetrischen Rechnungen im Stande, unter den gewöhnlichen Verhältnissen, d. h. bei doppelter Luftzuführung, eine Erwärmung der Verbrennungsproducte um ungefähr 1500^0 C. hervorzubringen. Bestimmen wir, dieser Erwärmung von 1500^0 entsprechend, das einer Wärmeeinheit zugehörige Wärmegewicht gleich $\frac{1}{1500} = 0{,}667^g$ und tragen dasselbe in der Figur in der Temperaturhöhe $OB = 1500^0$ als BF horizontal ab, so stellt die durch F gezeichnete gleichseitige Hyperbel $F_1 F F_2$ für jeden Punkt in der Abscisse das Wärmegewicht der durch die Feuerung erzeugten Wärme vor, welches der Temperaturhöhe dieses Punktes entspricht. Nimmt man die Temperatur der zur Verbrennung gelangenden Kohlen sowie der Verbrennungsluft gleich 12^0 C., also die absolute Temperatur derselben zu 285^0 an, so ist die absolute Temperatur der Verbrennungsproducte im Feuerraume zu $OC = 1785^0$ vorauszusetzen, und daher ist $F_1 C$ das Wärmegewicht, welches der zugeführten Wärmeeinheit bei der absoluten Temperatur der Feuergase entspricht. Die in den Verbrennungsproducten vor der Verbrennung enthaltene Wärmemenge kann dargestellt werden durch das Rechteck aus dem Wärmegewichte BF und der Temperatur $CB = 285^0$, und somit ist die gesammte in den Verbrennungsgasen enthaltene Wärme durch das unter CG_1 gelegene, bis zum absoluten Nullpunkte reichende Rechteck dargestellt, mit anderen Worten: CG_1 ist das Wärmegewicht für die Gesammtwärme der Gase bei der Temperatur des Verbrennungsraumes $OC = 1785^0$, und die durch G_1 gezeichnete Hyperbel G_1G

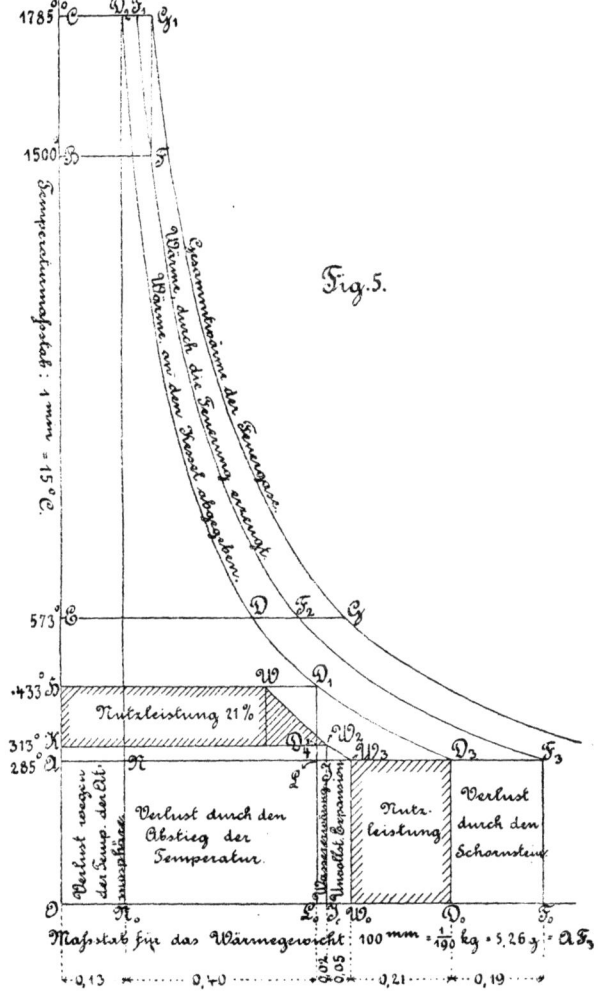

Fig. 5.

stellt die Art der Verbreitung dieser Wärme beim Uebergange zu niederer Temperatur vor.

Nimmt man nun an, dass die Verbrennungsgase den Dampfkessel mit einer Temperatur von 300^0 C., also einer absoluten Temperatur von 573^0, verlassen, so hat man in dieser Höhe OE über dem Nullpunkte die Horizontale EG zu ziehen und auf derselben das Gewicht $CG_1 = DG$ abzutragen, um in dem unterhalb ED gelegenen, bis zu O reichenden Rechtecke das Mafs für die von den Gasen an den Dampfkessel abgegebene Wärmemenge zu erhalten. Die dem Gewichte DG und der Temperatur $OE = 573^0$ entsprechende Wärmemenge entführen die Rauchgase durch den Schornstein, und zwar ist von dieser Wärme, wie leicht zu ersehen ist, der dem Gewichte $F_2 G$ entsprechende Teil von vornherein in den Verbrennungsproducten enthalten gewesen und der dem Gewichte DF_2 zugehörige Teil infolge der Verbrennung in sie übergegangen.

Ist nun die Temperatur des in dem Dampfkessel enthaltenen Dampfes gleich 160^0 C., also die absolute Temperatur 433^0, so hat man $OH = 433^0$ zu machen, um in der horizontalen Abscisse HD_1 das Wärmegewicht der dem Dampfe zugeführten Wärmemenge zu erhalten, indem die an den Dampfkessel von den Rauchgasen abgegebene Wärme auf der durch D gehenden Hyperbel nach D_1 übergeht.

Es sei nun ferner vorausgesetzt, dass wie in Fig. 4 der Dampf seine Temperatur bis zu 40^0 C. des Condensators erniedrige und das Speisewasser mit dieser Temperatur dem Kessel zugeführt werde. Die dem Gewichte HD_1 entsprechende Wärmemenge zerlegt sich dann in zwei Teile, von denen der eine D_1W zugehörige zur Erwärmung des Wassers von 40^0 bis 160^0 bei veränderlicher Temperatur zugeführt wird, während der andere, dem Gewichte HW entsprechende, die Verdampfung bei 160^0 C. bewirkt. Diese beiden Teile stehen in dem Verhältnisse der Gewichte $\frac{W_0 W}{WD} = \frac{0,281}{1,140}$ in Fig. 4 und können hiernach leicht festgestellt werden. Bestimmt man ferner in der vorgedachten Weise die Vergröfserung D_4W_2, welche das Wärmegewicht wegen des Ueberganges bei der Erwärmung des Wassers von 40^0 zu 160^0 erfährt, und zeichnet die Curve WW_2, so ist es klar, dass die nutzbar gemachte Arbeit durch die schraffirte Fläche $KHWW_2K$ dargestellt ist. Um über den Verbleib der ganzen zur Verwendung gekommenen Wärme ein Urteil zu gewinnen, kann man noch die durch W_2 gehende gleichseitige Hyperbel W_2W_3 zeichnen und dann alle einzelnen hier in Betracht kommenden Wärmemengen durch ihre auf die gemeinschaftliche Temperatur der Atmosphäre $OA = 285^0$ bezogenen Wärmegewichte ausdrücken. Hiernach setzt sich die nicht in Arbeit verwandelte Wärme aus zwei Teilen zusammen, nämlich aus den den Gewichten D_3F_3 und AW_3 zugehörigen Wärmemengen. Der erstere durch das Rechteck $D_3F_3F_0D_0$ gemessene Teil stellt die durch den Schornstein entweichende Wärmemenge dar. Dieser Verlust ist um so kleiner, je niedriger die Temperatur der vom Kessel abziehenden Gase und je geringer deren Menge, d. h. also je kleiner das Wärmegewicht CG_1 der Gase ist. In letzterer Beziehung ergiebt sich daher ein Vorzug der Gasfeuerung für Dampfkessel, da bei dieser die Verbrennungsluft nicht im Ueberschusse zugeführt werden muss und daher die Menge der entweichenden Gase geringer ausfällt. Unter den dem Diagramme zu Grunde gelegten Verhältnissen beziffert sich dieser Verlust zu etwa 19 pCt. Derselbe würde nur dann ganz vermieden werden können, wenn man anstatt des Dampfes die Verbrennungsgase selbst zur Wirkung bringen könnte, etwa wie es bei den Gasmaschinen geschieht.

Der zweite, durch das Rechteck AW_3W_0O gemessene Verlust entspricht der Wärmemenge, welche von dem die Maschine verlassenden Dampfe abgeführt wird. In dieser verloren gehenden Wärmemenge kann man folgende Teile unterscheiden:

1) Die Wärmemenge ANN_0O, entsprechend dem Wärmegewichte CD_2 der überhaupt an den Dampf übertragenen Wärme. Diese Wärmemenge, welche im Diagramme 13 pCt. der überhaupt zur Verwendung kommenden ausmacht, ist für

uns niemals in Arbeit verwandelbar, da wir nicht im Stande sind, die Abkühlung nutzbringend unter die Temperatur der Atmosphäre auszudehnen, ebenso wie man niemals das Wasser eines Wasserrades bis unter den Meeresspiegel fallen lassen kann. Die Temperatur unserer Umgebung entspricht daher bei allen unseren Wärmemaschinen gewissermafsen dem Niveau des Meeres. Man könnte zwar anscheinend diesen Verlust durch Verkleinerung des Wärmegewichtes $AN = CD_2$ verkleinern, indem man also in der Feuerung höhere Temperaturgrade erzeugte, wie dies in der That bei den Gasfeuerungen geschieht; aber der Gewinn würde nur ein scheinbarer sein, so lange wenigstens, als wir die Temperatur des treibenden Dampfes nicht höher als OH wählen können, indem der erzielte Gewinn bei dem Uebergange der Wärme von D_2 bis D_1 genau wieder aufgegeben werden müsste. Durch diesen Uebergang entsteht nämlich

2) der Verlust NLL_0N_0, indem das Wärmgewicht CD_2 durch diesen Uebergang um den Betrag NL erhöht wird. Aus dem Diagramm ergiebt sich dieser Verlust zu 40 pCt.

3) Der durch das Rechteck LJJ_0L_0 dargestellte Wärmeverlust hat seine Ursache in dem mehrerwähnten Wärmeübergange, welcher bei der Erwärmung des Kesselwassers von 40^0 auf 160^0 stattfindet; diese Gröfse stellt im Diagramm einen Verlust von etwa 2 pCt. dar.

4) Die Fläche $JW_3W_0J_0$ endlich, welche etwa 5 pCt. der ganzen aufgewendeten Wärme beträgt, stellt den Wärmeverlust vor, welcher sich ergiebt, weil wir auch bei den vollkommensten Condensatoren nicht im Stande sind, die Temperaturerniedrigung des Dampfes im Cylinder bis auf die Temperatur 285^0 der Atmosphäre zu bewirken.

Es verbleibt daher nach Abzug aller dieser Verluste eine nutzbare Arbeit, welche durch das Rechteck $W_3D_3D_0W_0$ dargestellt ist, das mit dem Vierecke $KHWW_2$ flächengleich ist und in unserem Diagramm etwa 21 pCt. der ganzen zugeführten Wärmemenge beträgt. Wenn, wie wir sahen, die wirkliche Ausbeute auch bei den allerbesten Maschinen noch wesentlich kleiner, nämlich noch nicht halb so grofs, ausfällt, so muss bemerkt werden, dass alle die zahlreichen sonstigen Verluste durch unvollständige Verbrennung, Wärmeverlust des Kesselgemäuers, der Dampfleitung usw., Reibung der Maschinenteile sowie die vorhin näher betrachteten Verluste im Dampfcylinder hier nicht berücksichtigt sind. Das Diagramm lehrt uns, wo bei Dampfmaschinen etwa noch eine Ersparnis zu erzielen sein könnte, und wenn wir bemerken, dass die hauptsächlichsten Verluste, entsprechend den Gewichten wie AN, NL und D_3F_3, überhaupt nicht zu vermeiden sind, so lange wir in einer Atmosphäre wie die unsere atmen, und so lange wir nur irdische Stoffe wie unsere Metalle zur Verwendung haben, so werden wir wohl die mit unseren Dampfmaschinen erreichbaren Resultate nicht unterschätzen.

Der von Zeuner angegebene Vergleich mit dem Wasserlaufe von der Quelle bis zum Meeresspiegel scheint hier wohl anwendbar zu sein, wenn man nur die unerreichbaren Grenzen weiter steckt. In dieser Hinsicht hätte man nicht von dem Meeresspiegel, denn dieser ist in der That erreichbar, sondern von viel gröfserer Tiefe unter dem Meeresspiegel, etwa von dem Mittelpunkte der Erde, zu sprechen; denn ein Wasserrad im Mittelpunkte der Erde aufstellen ist keine gröfsere Ungereimtheit, als einen Körper bis zum absoluten Nullpunkte abkühlen wollen. Und andererseits dürfte man sich nicht mit der Höhenlage der Quelle als höchster Grenze begnügen, sondern man müsste hinaufsteigen zu den ewig mit Schnee gekrönten Alpenhäuptern und darüber hinaus in die Wolkenhöhen, um dort die atmosphärischen Niederschläge zu sammeln, welche durch die Kräfte der Natur dahin gehoben wurden. Dies zu thun, ist offenbar nicht minder für unsere menschliche Thätigkeit unerreichbar, als der Gedanke, in unseren Maschinen mit Temperaturen von tausenden von Graden arbeiten zu wollen. Indessen, solche Vergleiche führen uns in das Reich der Phantasie, welches wir lieber nicht betreten wollen.

Zum Schlusse mögen hier noch zwei Tafeln angeführt werden, von welchen ich glaube, dass sie ein Hilfsmittel bei den Arbeiten im Constructionsbureau sein und dass sie zum Ersatze von numerischen Tabellen dienen könnten. Diese Tafeln habe ich Zustandstafeln genannt, da sie im wesentlichen nur die verschiedenen Zustände von Dampf und Luft zur Darstellung bringen und für Zustandsänderungen die nötigen Rechnungen ermöglichen sollen.

Die Einrichtung sowie der Gebrauch der Tafeln sind leicht erklärt. Zunächst finden sich auf der Tafel für atmosphärische Luft zwei Scalen, eine horizontale für das Volumen und eine verticale für die Spannung in Atmosphären. Da diese Scalen logarithmische sind, so strecken sich infolge hiervon die isothermischen gleichseitigen Hyperbeln zu geraden Linien, welche unter 45^0 gegen die Achsen geneigt sind. In gleicher Art müssen die adiabatischen Linien, welche für Luft bekanntlich durch die Gleichung $pv^{1,41} =$ Const. ausgedrückt werden, als gerade Linien erscheinen, welche etwas steiler als die Isothermen, nämlich unter dem Neigungsverhältnisse 1,41 ansteigen. An dem unteren und dem rechten Zeichnungsrande finden sich die Temperaturen nach Graden Celsius angegeben.

Suchen wir z. B. für 1^{kg} Luft von atmosphärischer Spannung und einer Temperatur von 30^0 C. das Volumen, so gehen wir von der Temperatur 30^0, welche an der unteren rechten Ecke steht, unter 45^0 hinauf bis zur horizontalen Scala, wo wir für eine Atmosphärenspannung das Volumen $0{,}86^{cbm}$ antreffen. Dieselbe Isotherme giebt in jedem ihrer Punkte das Volumen und die Spannung für dieselbe Temperatur an, z. B. für $p = 2$ Atm., $v = 0{,}43^{cbm}$ usw. Denkt man sich dagegen dieselbe Luft in einem Compressor ohne Abkühlung, also adiabatisch, auf 2 Atm. zusammengepresst, so hat man von dem Volumen $0{,}86^{cbm}$ nur der steileren Adiabate bis zur Höhe von 2 Atm. zu folgen und findet vertical unter dem Schnittpunkt in diesem Falle das Volumen $0{,}52^{cbm}$, während die von dem Schnittpunkt ausgehende Isotherme (45^0) in der Temperaturscala die Temperatur der bis auf dieses Volumen zusammengepressten Luft zu 97^0 ergiebt. Wenn man sich eines kleinen Lineales beim Verfolgen der Linien bedient und die Zwischenwerte entsprechend durch Schätzung feststellt, so erreicht man nach kurzer Uebung meist hinreichend genaue Resultate. In dieser Weise lässt sich natürlich auch jederzeit die Temperaturabnahme der expandirenden Luft, z. B. bei den Luftmotoren und Steinbohrmaschinen der Bergwerke usw. ermitteln, ebenso wie bei adiabatischer Compression durch die Anfangs- und Endtemperatur der erforderliche Arbeitsaufwand jederzeit einfach bestimmt ist. Um diesen Arbeitsaufwand auch für eine isothermische Compression nach dem Mariotte'schen Gesetze leicht zu finden, ist neben der Scala für die Spannungen noch eine andere eingetragen, welche direct die natürlichen Logarithmen der Compressionsverhältnisse angiebt. Wegen der logarithmischen Teilung der Achsen lässt sich diese Tafel natürlich zu numerischen Rechnungen in bekannter Art so gut wie der Rechenschieber benutzen.

Die zweite Tafel ist für Wasserdampf entworfen, welchem bis zu 30 pCt. tropfbares Wasser beigemischt sein mag. Auch hier giebt die horizontale logarithmische Scala das Volumen für 1^{kg} trockenen Wasserdampfes an, dessen Spannung durch die Bezeichnung der hindurchgehenden Verticallinie ausgedrückt ist. Ferner sieht man aufser den horizontalen Graden noch zwei Schaaren von gekrümmten Linien, von denen die nach rechts ansteigenden das Wärmegewicht $\tau + \frac{r}{T}$ und die nach links ansteigenden die Dampfwärme $q + \varrho$ angeben. Ein Beispiel wird den Gebrauch dieser Tafel am einfachsten erläutern. Nehmen wir Dampf von 4^{kg} Spannung mit 5 pCt. beigemischtem Wasser an, so finden wir das Volumen, wenn dieser Dampf trocken sein würde, in der Verticalen 4 zu $0{,}475^{cbm}$. Wegen des beigemengten Wassers ist das wirkliche Volumen aber hinreichend genau nur $0{,}95$ mal so grofs, und um es zu finden, sind unterhalb der Volumenscala einige horizontale Linien nach logarithmischer Teilung gezeichnet. Geht man daher auf der Verticalen 4 bis zu der Horizontalen $0{,}95$ und vom Schnittpunkt unter 45^0 nach links hinauf, so findet sich das Volumen zu $0{,}45^{cbm}$. Soll nun dieser Dampf adiabatisch bis auf 1 Atm. expandiren, so gehen wir von dem Schnittpunkt der Verticallinie 4 mit der Gewichtscurve

$\tau + 0{,}95 \frac{r}{T}$ horizontal bis zur Verticalen 1^{kg} herüber und begegnen daselbst der Gewichtscurve $\tau + 0{,}88 \frac{r}{T}$, d. h. die Menge des tropfbaren Wassers beträgt jetzt 12 pCt. Das Volumen, bei welchem diese Spannung von 1^{kg} erreicht ist, findet sich wieder wie vorher, wenn wir der Verticallinie 1 bis zu der Horizontalen 0,88 folgen und von dem (zu schätzenden) Schnittpunkte nach links hinaufgehen, wo das Volumen zu 1,54^{cbm} gefunden wird. Das Expansionsverhältnis ist daher in dem vorliegenden Falle durch $\frac{1,54}{0,45} = 3{,}42$ gefunden.

Um die durch die Expansion in Arbeit verwandelte Wärme zu ermitteln, sucht man den Schnittpunkt der Verticalen 4^{kg} mit der krummen nach links steigenden Curve $q + 0{,}95 \varrho$ auf und findet am linken Zeichnungsrande die zugehörige Dampfwärme 583,5 Wärmeeinheiten. In gleicher Weise liefert der Schnittpunkt der Verticalen 1^{kg} mit der Curve $q + 0{,}88 \varrho$ die Dampfwärme 537 Wärmeeinheiten. Es sind daher durch die Expansion in diesem Falle 583,5 — 537 = 46,5 Wärmeeinheiten in Arbeit verwandelt worden. In ähnlicher Weise findet sich die während der Volldruckwirkung geleistete Arbeit des Dampfes, wenn man im unteren Teile der Tafel den Durchschnitt der Verticalen 4 mit der Curve $0{,}95 \, Apu$ aufsucht; man findet dann in der Scala für die äufsere Verdampfungswärme die in Arbeit verwandelte Wärme zu 41,5 Wärmeeinheiten usw. Offenbar ergiebt sich der Gebrauch dieser Tafel leicht, wenn man die betreffenden Rechnungsoperationen der mechanischen Wärmetheorie sich vergegenwärtigt.

Wenn auch diese Art der Ermittelung von Zahlenresultaten selbstredend nicht die gleiche Genauigkeit zu erreichen gestattet wie die numerische Rechnung, so scheint sie doch zur Erlangung eines schnellen Ueberblickes nicht ganz unbrauchbar zu sein.

Ich habe hier in das Gebiet der mechanischen Wärmetheorie auf einem anderen Wege zu führen versucht, als der gewöhnlich betretene analytische ist, weil ich geglaubt habe, dass dieser Weg nach mancher Seite hin einen freieren Ueberblick gestatte als der meist begangene, nur zu häufig durch das dichte Gestrüpp analytischer Formelmassen verwachsene. Ich glaube, auf einen solchen freien Ueberblick, welcher das Gebiet im grofsen und ganzen erfasst, kommt es dem ausführenden Techniker zunächst an; ist erst einmal eine Rundschau über das Ganze gewonnen, so steht nachher nichts im Wege, einzelne Objecte unter die zergliedernde Lupe der analytischen Rechnung zu bringen. So kann ich nicht umhin, dem Wunsche hier Ausdruck zu geben, dass man in der Theorie und Praxis des Ingenieurwesens die graphischen Methoden doch mehr berücksichtigen sollte, als es bisher geschieht. Es will mir scheinen, als ob die technischen Hochschulen wohl daran thun würden, in ihre Lehrprogramme die Disciplin einer »Graphischen Maschinenlehre« aufzunehmen, wovon ich überzeugt bin, dass die Erfolge für den Maschineningenieur nicht minder bedeutsam und segensreich sein würden, als diejenigen waren, welche im Bauingenieurwesen durch die Einführung von Culmann's »Graphischer Statik« erzielt worden sind.

MIX
Papier aus verantwortungsvollen Quellen
Paper from responsible sources
FSC® C105338

If you have any concerns about our products,
you can contact us on
ProductSafety@springernature.com

In case Publisher is established outside the EU,
the EU authorized representative is:
**Springer Nature Customer Service Center GmbH
Europaplatz 3, 69115 Heidelberg, Germany**

Printed by Libri Plureos GmbH
in Hamburg, Germany